花園裡的小宇宙

DISCOVERIES IN THE GARDEN

生物學家帶我們觀察與實驗，
探索植物的祕密生活

詹姆士·納爾迪 JAMES NARDI —— 著&繪　周沛郁 —— 譯

萵苣田裡停著一隻歌帶鵐（song sparrow），正在熱情地高歌。牠的地盤裡還有大葫蘆步行蟲、瓢蟲和獵蝽。獵蝽抓到一隻夜盜蛾的毛蟲；還有一隻苜蓿黃蝶停在附近的萵苣葉上。

目次

那些植物教我們的事

　　花園裡天天發生神奇的事。觀察這些不可思議的生命特色，讓人渴望更了解我們看到的事。生物學上相關發現給人的興奮感，不只來自於大自然給人的驚歎，也來自科學實驗帶來的深入領會。有些植物的奧祕無法光靠觀察來解釋，但可以靠實驗來揭露，讓人進一步思考植物怎麼辦到各種事。發現的喜悅來自於提出這些問題，在自家——在後院、校園，甚至在室內體驗自然，而這些活動不只讓人看著蔬菜從種子長到可以收成而心生喜悅，也給人獎勵——讓人在廚房裡料理、分享收成。

　　我們和植物產生連結，有助於維繫及恢復人類和自然界的脆弱關係。植物不只助長我們的好奇心，滋養我們的肉體，挑動我們的美感，也是我們最棒的心靈導師。我們向植物學到如何對種子**有信心，期待**好收成。我們看著植物用自己的步調做自己的事，學會了**耐心**。我們學會**感激**植物提供我們所有維持健康的必需養分。即使是富饒的小花園，也讓我們能和他人分享豐收。

　　我們栽種植物時，會體認到回收和運用生長與腐爛的自然循環，讓花園土壤、植物與動物維持和諧有多麼重要。其他生物在

花園裡維持平衡與和諧，我們學會感念它們的貢獻。我們和各式各樣的動物攜手做園藝，不必用有害的化學物質就能維持植物的健康。有植物為伴、看到美麗的花園與雄偉的樹木、看到植物適應周圍環境的驚人能力，我們感到**敬意**與敬畏。奧爾多・李奧帕德（Aldo Leopold）提醒我們：「生物的行為通常為神與詩人獨享，但謙卑的人只要得法，就能避開這個限制。比方說，要種一棵松樹用不著神或詩人，只要一把圓鍬就行了。」

我很感謝家人、朋友和同事等人協助我分享這些發現。雙親給了我機會和鼓勵，滋養了我對自然與園藝的愛。馬克・畢（Mark Bee）是熱情又有才華的顯微鏡藝術家，捕捉了許多顯微樣本的影像。桃樂西・勞德繆克（Dorothy Loudermilk）和艾德溫・哈德利（Edwin Hadley）收集和標註最終影像的態度一絲不苟。伊利諾大學貝克曼研究所（Beckman Institute）成像技術組（Imaging Technology Group）的凱特・華勒斯（Cate Wallace），嫻熟地製作了花粉的影像，傳達出花朵不為人知的美麗。

我在加州的朋友東尼・麥格根（Tony McGuigan）有一種天賦，能夠傳達他對園藝的熱愛。他的著作《備好棲地，幫手自來》（*Habitat It and They Will Come*，暫譯）描述了他如何創造棲地，誘使（非人類）園丁夥伴來分享他的花園，以表達他對牠們的感激。他的構想與建議間接塑造了這本書。馬克・史特吉斯（Mark Sturges）在他位於奧勒岡州的農場，分享了自己對園藝的看法，並且提供了在花園和廚房做實驗的主意。我的妻子喬伊（Joy）以及我們的動物同伴，與我分享了花園裡的奇蹟與踏實的喜悅。牠們的眼、耳、鼻和（有些同伴的）鬍鬚，拓展了我

探索、發現及欣賞的能力。我們都很感謝園藝慷慨豐富的恩賜。

　　這份手稿在芝加哥大學出版社（University of Chicago Press）找到了溫馨的歸宿。主編克莉絲蒂·亨利（Christie Henry）鼓勵並支持我早期的初步手稿。米蘭妲·馬丁（Miranda Martin）和克莉斯汀·施瓦布（Christine Schwab）引導完成後的手稿度過漫長的製作階段。喬安娜·羅森波姆（Johanna Rosenbohm）以嚴謹的用心和敏銳的想法，扮演文字編輯的角色，強化了手稿中的優異特色，淘汰了一些比較糟的部分。出版過程的最後，蘇珊·赫南德茲（Susan Hernandez）靠著她的專業，為本書（原文版）的內容編排索引。多虧這些人，提交手稿到出版的合作之旅十分愉快。

與植物對話

觀察、描述、假設

　　植物是討人喜歡的研究對象 ── 我們可以輕易把種子或插條養成植物；可以把它們放在方便觀察的環境，詢問它們身為植物是什麼情況。不過，我們大多數人遇到的植物，要不是長在經常修整的早熟禾草坪，就是剪下來裝飾的花朵、不帶根莖葉的水果，或是採收下來、被放在蔬果行貨架上的蔬菜。我們很少目睹幕後在花園和農業用地、草地和森林裡發生的事。

　　我們有多少人注意過植物在種子內預先形成？哪些人見識過色彩繽紛的花朵變成美味果實的旅程？有些植物的蒴果會爆裂；有些植物能攀爬、纏繞，而捲鬚會盤捲；有些植物的莖和葉會動；有些植物能感應觸碰、光暗、上下、白晝或夜晚的長短。即使植物反應周遭世界的方式與動物大相逕庭，但我們很快就會意識到，植物也能過著充滿色彩、刺激與驚人事蹟的一生。

　　植物從小種子這麼簡單的開端開始成長，伸出無數的根和葉。到了某個階段，植物會開花；那些花朵會轉變成果實，果實

圖I.1：蘋果種子的內部構造（左），顯示種子尖端有胚期的蘋果樹。這粒種子會萌發蘋果苗（右）。

中的種子會萌發，展開植物家族的另一代。十九世紀末的美國拓荒女作家薇拉・凱瑟（Willa Cather）對樹木的觀察，適用於所有植物：「我喜歡樹木，因為比起其他生物，樹木似乎對自己無從選擇的生活方式更認命。」

　　植物接納我們為伴，允許我們觀看它們的私密生活，適應我們安置它們的環境。當我們問它們是怎麼辦到某些事，以及它們為何那麼做的時候，我們能夠觀察植物如何以它們生活的方式來

因應改變，藉此得到解答。仔細觀察，就能開始了解和揣測植物是怎麼辦到的。我們拿植物做實驗，檢驗我們的假設時，時常提出可能沒人問過的問題。

植物的生命仍然埋藏著許多祕密。比方說，**現代西方科學文化不久前才知道植物能和彼此溝通**。雖然我們才開始了解植物在地表上怎麼和其他植物對話，但植物在地面下的對話仍然是一團謎。即使沒有昂貴的器材，只要有「耐心和強烈的目標」，就能觀察到前所未現的事物。植物會與彼此互動，也會與環境互動，

圖I.2：一棵蘋果樹在地上、地下的生命，還有好多祕密有待揭露。

而我們對此的理解和知識，會因這些發現而更豐富。在觀察和記錄時，別忘了《湖濱散記》（*Walden；or, Life in the Woods*）作者亨利・大衛・梭羅（Henry David Thoreau）的話：「重要的不是你眼前看到什麼，重要的是你明白了什麼。」

我們在植物世界觀察到現象，然後做出假定時，就是在提出假設（hypotheses，hypo＝在……之下；thesis＝規則，也就是現象背後的規則）；想要檢驗這些假設，就得設計實驗。實驗是為了檢驗與植物生命有關的特定假設。每個假設都會預測某種實驗結果。在檢驗這些預測時，我們會看看預測的結果是否符合觀察到的結果。這種提出植物（或一般自然）問題的方式，稱為科學方法。

我們今日使用的科學方法，主要有賴一位人士打下基礎——法蘭西斯・培根（Francis Bacon, 1561~1626）。梭羅向我們強調了仔細觀察眼前的事物有多重要，培根則進一步勸我們，要檢驗我們對所見事物的解讀和假定。培根主張，我們對這世界的知識源自我們的五感，以及對自然的直接觀察；然而，感官的經驗時常被錯誤闡釋。我們務必檢驗自己的解讀（假設），永遠不畏於承認我們最愛的假設可能不正確。兩百多年後，另一位英國科學家（湯馬斯・亨利・赫胥黎，Thomas Henry Huxley, 1825~1895）提醒我們，即使假設根本不符合實驗結果所揭露的真相，人也很容易頑固地堅持原先的假設：「科學的最大悲劇（是）醜陋的真相破壞了美好的假設。」

園丁屬於最早的一批科學家，至今仍然觀察力過人。許多不知名的園丁率先發現哪些野生植物可以栽培、該怎麼增加收

圖I.3：蜜蜂和其他無數生物的生命都與植物有交集。

穰、如何促進果實成熟。數個世紀以來，擅於觀察的園丁時常挑戰公認的科學假設。英國牧師吉伯特・懷特（Gilbert White）就是這樣的園丁。他的《塞耳彭自然史》（*The Natural History of Selborne*）出版於1789年，記錄了二十五年間他在花園的觀察。

　　當代的科學家和農人覺得蚯蚓是吃幼苗的害蟲，會留下骯髒的蚯蚓糞便，吉伯特・懷特卻認為他在花園裡看到的蚯蚓對花園有益，並且著手檢驗這個假設。「蠕蟲似乎對植物極有助益，牠

圖I.4：植物群落的其他成員分享植物捕獲的陽光能量，以及植物從土裡吸收的養分。

會在土裡挖洞、鑽來鑽去，鬆動土壤，讓雨水和植物纖維容易穿透土壤；而且會把麥桿、葉柄和細枝拖進土裡；最重要的是，蚯蚓會排出無數坨的土（蚯蚓糞），但由於那是蚯蚓的糞便，因此是穀物和草的上好肥料。」即使到了今日，許多園丁也做出很重要的觀察，促使科學家愈來愈仔細地解釋植物為何那麼做，又是怎麼做到那些事。

　　一般認為，當我們不只是仔細觀察大自然，更與大自然緊密合作時，從事園藝會比較簡單、比較有回報，本書討論到的許多實驗會檢驗這個假設。常見的另一種假設認為，如果要在園藝和

農業上成功而有利可圖，就必須藉助合成殺蟲劑、除草劑和肥料來對付大自然。我們在花園裡發現的真相，究竟有助於支持或是打破傳統農業的假設？

　　本書在前言之後接著十章的內容，每一章都會探討植物的一大特色，以及植物與周遭世界的互動如何影響這一特色。這十章的開頭都有深具代表性的一幅插圖，突顯該章的植物特色。動物、植物共享著花園裡的花與蔬菜，花園裡的每個場景都有這些動物和植物存在。花園和農場太常被描繪成種植著單調的一排排植物，雖然地上和地下世界中有其他生物共存，卻隔絕了牠們的影響。我們應該把花園想成一個生物的群落（有植物、動物、菌類、微生物），雖然（也正因為）這些生物有形形色色的背景和活動，卻能彼此和諧共存。

　　每一章都會呈現該章主題相關的背景資訊，並且附有活動（觀察、檢驗假設），需要直接接觸活生生的植物。前九章介紹了植物如何生活，一開始是種子，活過美好圓滿的一生，然後死去──它們成長、開花、結子、結果、撐過天候的威脅和其他生物的攻擊，而我們試圖藉著觀察和實驗來了解，它們是如何完成這一切事蹟。植物細胞和組織的顯微影像，有助於理解大量細胞如何排列，形成葉、花和果實的複雜形態，以及這些細胞排列如何造就植物組織的功能。

　　植物細胞和組織的影像有另一個好處，可以幫助讀者解讀植物表面上顏色與形態的改變，背後有什麼看不到的變化。這些植物在生命中受到的滋養，是回收先前栽種植物的養分；死後，它們會把借用的養分歸還給土壤，滋養新一代的植物。這九章涵蓋

了花園中植物的日常生活，以及這些平凡的生活為何這麼重要，值得關注；最後一章獻給我們的動物與微生物園丁夥伴，也就是和我們共享花園的生物。

提出該觀察的要點和該檢驗的假設，可以增進我們對植物生命的了解，讓我們在花園裡親身接觸，使得我們與植物王國成員的互動更加豐富。傳遞在生物學上有所發現的興奮感，可以將熱愛園藝與大自然所帶來的驚奇，與科學實驗造成的進一步理解連結在一起。我們目前的植物知識正是藉由這樣的觀察與檢驗假設，累積而成。

我們循著這條途徑，來到目前的植物學知識程度；感念這條途徑最好的方式，是回溯當初引導我們登上另一個知識程度的觀察、想法和實驗（而且不論成敗）。我們在每個高度都看得更清楚，更知道該問什麼問題、該如何發問。當我們爬向更高的層次，在追尋新知時依循的那條途徑仍時常曲曲折折。在我們繼續提出有關植物的問題之當下，我們現有的知識不只會增長，時常也得修正；甚至可能發現一些資訊是完全錯誤的。

我們目前對生物的了解，不應當作死板、不可改變的真相，而是該經常推展、改進的知識，而且時常由於新的觀察和實驗而更改。本書裡的觀察和假設為讀者示範了一些途徑，依循那些途徑的人，曾經進一步發掘與我們共享這個世界的植物，並因此驚喜萬分。任何人都能像科學家一樣思考，而任何人（只要耐心、專注地觀察）都能經歷新發現的喜悅，為我們不斷擴張的植物學知識貢獻己力。

有些野心勃勃的園丁和研究者，希望與植物有直接的接觸；要觀察植物、檢驗與植物生命有關的假設，就需要一些能輕易取得的東西，例如種子、花盆、培養皿、樣本瓶、玻片和其他不貴的用品。在蔬果行、農夫市集或當地農園就能取得某些蔬果。這些課題不但簡單，而且指出「平凡」植物不凡卻受忽略的特徵，因此永遠引人入勝。

即使面對平凡的事物，若你仔細觀察它，也可能有新發現，博物學家約翰・巴勒斯（John Burroughs）主張得好：「想發現新事物，就去走你昨天走過的路。」這本科學書籍的課題適用於園丁、兒童、教師和他們在任何地方的學生，引人入勝而深入淺出。

仔細看看植物

植物的生命有許多地方與我們的生命類似，但其他地方又非常不同。所有生物不論大小，舉凡動物、植物、菌類或微生物，都是由「細胞」這種基本單元構成的。一片豆子或辣椒葉大小的葉片，大約由五千萬個細胞構成；蘋果樹大小的一棵樹，大約有25兆個細胞。每個細胞裡，都有DNA（deoxyribonucleic acid，去氧核糖核酸）這種遺傳物質，其中含有一個細胞生存及複製時所需的所有訊息。因此，一個生物身上的各個細胞，就是自己有能力生存及複製的最小單元。

每個植物細胞都有一層細胞膜和細胞壁，做為細胞之間、細胞與環境之間的屏障。植物細胞脆弱的細胞膜周圍，有著堅固的

細胞壁，因此植物無法像許多動物和微生物細胞那樣到處移動或爬來爬去。不過，堅固的細胞壁讓植物細胞得以吸水膨脹，不會像缺乏堅固細胞壁的細胞那樣破裂。植物沒有腿、沒有翅膀，沒有鰭也沒有腳，但它因應環境變化而讓水分進出細胞，得以成長並移動花、葉、莖和根。我們知道，一開始的環境事件，到最後水分進出細胞導致植物部位活動，其間是靠著細胞間傳遞的簡單化學信號（植物荷爾蒙）來精密協調。

50公釐乘50公釐的一枚葉片，大約有五千萬個細胞（大約相同大小），表示那枚葉片的個別細胞要使用顯微鏡才看得到。一個細胞不到幾公釐大，而是一公釐的許多分之一。一公釐等於一千微米（micrometer，μm），而細胞的長寬直徑通常用微米為單位。用來標示大部分顯微影像的這些比例尺，像人類的頭髮一樣寬（＝100微米＝0.1公釐）。其他所有放大圖都可以標示為頭髮寬度的幾分之一或幾倍。大部分的植物細胞（根、莖、葉或種子的細胞）直徑都在1/20的頭髮寬度（5微米）和1/5的頭髮寬度（20微米）之間。

所有生物都需要能量和養分來生存及成長。動物吃進其他生物，得到養分、能量而生存。植物細胞不從吃下的食物中得到能量和養分，而是直接從土壤得到養分，並且把太陽能轉化成糖的化學能，產生自己生長所需的能量。植物學家提姆·普洛曼（Tim Plowman）精闢地指出，植物生長所需的能量來自「吃陽光」。

每個植物細胞中都有一些胞器（organelle，organ＝器官；elle＝小）。一般來說，最明顯的是細胞核，其中含有細胞的遺

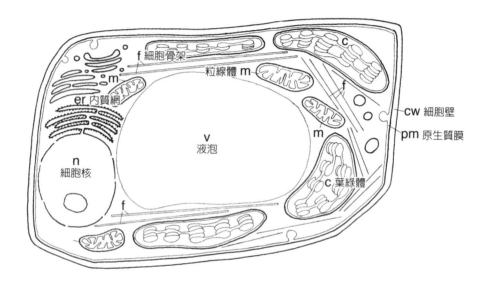

圖I.5：這是一般植物細胞的示意圖，顯示活細胞具有的特徵。植物細胞和其他所有多細胞生物的細胞一樣，有一個細胞核（n）連接內質網（er），蛋白質在此製造；幾個粒線體（m）；微管和微絲構成的內部細胞骨架（f）；一個原生質膜（pm）包住所有的胞器。植物細胞具有堅固的細胞壁（cw），因此堅韌而無法動彈。只有植物細胞擁有捕捉陽光能量的葉綠體（c）。細胞骨架（f）協助引導胞器在細胞內活動。除了細胞骨架，液泡（v）內的水壓（膨壓）也有助於維持細胞的形狀。

傳物質。葉綠體（chloroplast，chloro＝綠；plast＝形體）這種胞器上有無數的綠色色素分子 —— 葉綠素（chlorophyll，chloro＝綠；phyll＝葉），可以捕捉陽光的能量。葉綠素把這種能量傳遞給葉綠體中的其他分子，這些分子進而利用能量，產生糖；這個過程就叫「光合作用」（photosynthesis，photo＝光；syn＝一起；thesis＝安排）。

許多葉綠素分子所在的葉綠體中，還有其他橙色和黃色的色素，也就是類胡蘿蔔素（carotenoid）；類胡蘿蔔素和葉綠素一樣不溶於水，因此位在葉綠體的疏水膜上。相對的，第八章討論到的水溶性紅、藍色素（花青素〔anthocyanin〕和甜菜色素〔betalain〕）都位於充滿水的液泡中，這些液泡負責控制細胞排水或吸水。

粒線體（mitochondria，mitos＝線；chondrion＝粒）這種胞器利用葉綠體產生的化學能，以ATP（adenosine triphosphate，三磷酸腺苷）的形式來提供能量，這就是細胞的共通能量貨幣。整個細胞內充斥著微管和微絲構成的骨架結構（細胞骨架，cytoskeleton），讓整個細胞堅固、有支撐。細胞骨架的微絲提供無數的軌道，讓葉綠體之類的胞器沿著軌道在細胞內移動。

植物直接從土壤和空氣中吸收必需養分。土壤供應的養分時常因分解者（decomposer）這類地下生物的行為而更新。分解者從死亡生物的殘骸中回收養分；這些生物在活著的時候也曾利用過同樣的養分。分解者確保活生物的成長會受到死亡生物殘骸回收的情形調節。在花園和其他大自然可以自由發展的地方，死亡只是重生的前奏。

除了產生植物發展與繁殖所需要的荷爾蒙、胺基酸、核酸和糖這些必需化合物，植物還會產生其他數千種化合物，雖然不是生存必需，但它們確實會影響植物和環境與其他植物的互動。這些物質稱為「二次代謝物」（secondary metabolite）。有些是有益健康的化合物，例如蔬果中含有的抗氧化劑。其他物質則能造成花、果實與芳香植物各種宜人、誘人的顏色、氣味和風味。花的甜美香氣、薄荷的芬芳，以及咖啡與巧克力的迷人之處，都來自各種二次代謝物。

　　許多二次代謝物被證實有醫學重要性，有些則因為抗微生物和抗癌性質而受到研究。許多二次代謝物對昆蟲和其他草食動物有忌避作用或有毒性，或能抑制其他植物競爭者發芽、生長。有些植物化合物的用途廣泛，會依據遇到的對象不同而扮演多樣的角色。

　　植物的這些特殊特徵大大影響了它對環境的反應，以及如何執行日常生長的任務：從土壤中得到養分，收集太陽的能量，產生只有植物能產生的物質，並且和其他生物一樣老化。

　　以植物為觀察和實驗的對象，就能讓更多人體會到科學發現的興奮。本書中除了吸引和激勵人們去理解為什麼植物要做那些事，書裡的許多圖像也展現了自然界中從微觀到巨觀的豐富生物多樣性及美感。二十世紀初哲學家西蒙・薇依（Simone Weil）的話提醒了我們：「科學的真正定義是：研究這世界的美。」植物是怎麼辦到那些事的？又是為什麼要那麼做？利用顯微鏡來拓展我們對這些問題的理解，會揭露植物的內在美，讓我們更能欣賞植物的外在美。

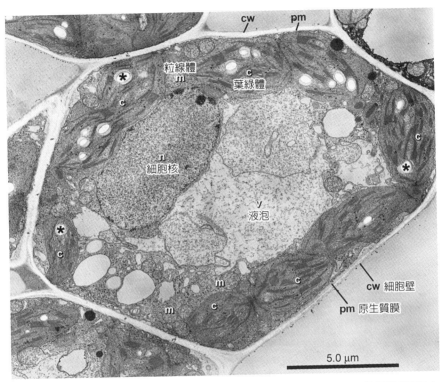

圖I.6：這是貓薄荷葉細胞的電子顯微鏡照片，圖I.5描述過的各種胞器在本圖以同樣的字母標示；不過細胞骨架的微絲和內質網，在這個放大圖中並不明顯。有些含有葉綠素的葉綠體，正在轉變成含有澱粉的澱粉體（標示＊），相關內容見第一章和第三章。

書末的附錄A列出代表性的植物荷爾蒙、色素和二次代謝物的化學結構，這些物質塑造了所有植物的生命。此外，本書討論了許多蔬菜、樹木、花和雜草，因此附錄B不只提供這些植物的俗名和學名，也標示出每種植物所屬的科別（並且列出本書提過的該科裡的常見植物）。附錄B先以科名的拉丁文字母排列，各種科中的植物再以俗名的字母排列，並且在俗名之後附上屬名與種名。

Chapter **1**

種子

Seeds

圖1.1：這座花園剛播種，許多豆類種子正在發芽，一隻老鼠在品嚐豆子的子葉。在蒲公英、菫菜和草熟禾裡，有一隻蟾蜍在旁觀。一隻弦月紋蛺蝶在溫暖的五月陽光下展開翅膀。

我對種子深具信心。讓我相信你有一粒種子，我就準備期
待奇蹟。

——亨利・大衛・梭羅

種子是神奇的創造物；一粒粒種子從那麼簡單的開端，僅靠
著來自陽光的能量，和來自空氣與土壤的養分，就能轉變成完整
的植物，根、莖、葉、花、果實、種子一應俱全。剖開豆子之類
的種子，會看到少許細胞組成的一小塊東西裡，預先形成了未來
植物的迷你版（也就是胚，embryo）。種子的這些細胞注定形成
未來所有的植物部位；在植物生命中，這些細胞不斷分裂，而種
子中的植物基本形態也隨之成長、成熟。

從種子轉變成植物的另一個神奇之處，是植物的所有生長
過程都保有這種基本形態。生長絕非雜亂無章，而是由根尖與
莖頂的一群群細胞協調而成；生長與細胞分裂就集中在這裡。
隨著植物生長，這些細胞會繼續分裂，不只產生和它們一樣的細
胞，也產生另一些細胞，形成特化的葉部、根部、花朵細胞。那
些持續分裂的細胞存在於植物體中的特定部位 —— 芽和分生組織
（meristem）。每粒種子都蘊含了這些不為人知的承諾和可能性。
一則威爾斯諺語充分表達了一粒種子踏上發芽、生長的旅程後，
可能展現怎樣的驚奇：「藏在蘋果心的一粒種子，是一座看不見
的果園。」

種子中預先形成了未來的植物

🔍 觀察

發芽中的豆類種子或葵花子最顯眼的特徵是子葉（cotyledons，cotyle ＝杯狀）；子葉提供植物寶寶（胚）最初的養分，隨著其中的養分轉移給成長中的幼苗，子葉也是未來植物體中最早消失的部分。每株發芽的幼苗會將一個生長頂點送進子葉下方的土壤（即下胚軸〔hypocotyl，hypo ＝下；cotyle ＝子葉〕，也就是未來的根），另一個生長頂點則送向子葉上方的天空（即上胚軸〔epicotyl，epi ＝上；cotyle ＝子葉〕，也就是未來的莖）。幾乎所有種子只要浸在水裡幾個小時，再沿著阻力最少的平面將之剖開，就會看到裡面藏著種子裡的未來植物（胚，見圖1.2）。

開花植物的種子受保護的一生起自於花朵中，隨著種子成熟，花朵會變成果實。所有的開花植物（也就是被子植物〔angiosperm，angio ＝包住；sperm ＝種子〕）都會形成果實，果實內的種子有一枚或二枚子葉——不多不少。這些種子的子葉是區別開花植物兩大譜系的重要特徵。二十三萬五千種被子植物之中，有六萬五千種只有一枚子葉；其中包括玉米、小麥、燕麥和所有禾本科植物、蘆筍、洋蔥、百合、鳶尾科、棕櫚科植物及蘭花。這些稱為「單子葉植物」（monocots，mono ＝一；cot ＝子葉的縮寫）。而瓜類、豆類、番茄、高麗菜和胡蘿蔔則是種子有兩枚子葉的其餘十七萬種植物；這些植物稱為「雙子葉植物」（dicots，di ＝二；cot ＝子葉的縮寫）。

常綠針葉樹（松、雲杉、冷杉）的種子也有上胚軸、下胚軸

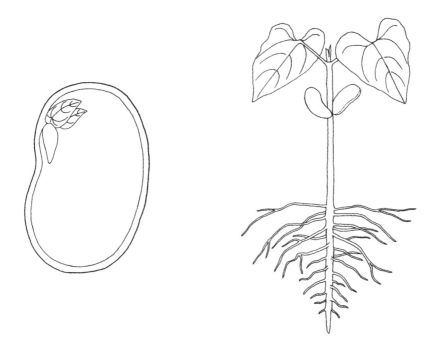

圖1.2：種子的胚中預先形成了植物未來的葉和未來的根。

和子葉，周圍包覆著營養組織。然而，針葉樹的種子外面沒有果實提供保護，種子曝露在毬果果鱗表面。因此針葉樹又稱爲「裸子植物」（gymnosperms，gymnos ＝ 裸露；sperm ＝ 種子）。全球現存的裸子植物（針葉樹和其他種子裸露的親戚）只有七百二十種，僅占種子植物的0.3%。被子植物和裸子植物分別產生種子和孢子，另外有些綠色植物（例如苔蘚、蕨類和藻類）只產生孢子，不曾發展出形成種子的能力。（第四章〈種子和孢子的區別〉一節中，將進一步介紹種子和孢子。）

許多針葉樹的種子（松子）和許多開花植物的種子一樣，因為風味和養分而受人喜愛。松子的內部圖顯示了松子和被子植物美味種子（例如花生）的相似之處（圖1.3）。然而松樹的胚和子葉埋在成熟的營養組織之中，這種組織僅見於裸子植物。

　　花生是豆類的親戚；每次你嚼花生，嚼的主要就是花生胚的子葉。每粒花生裡，未來的花生株就窩在種子一端的兩大片子葉之間。仔細觀察，可以看出花生胚的未來葉子朝內，未來的根則朝外。

　　淚滴狀的蘋果種子中，未來的根位在種子尖尖的那端，朝向外面。未來的根上方，有一小群細胞注定成為第一批葉子，以及蘋果樹的樹幹。子葉占據了蘋果種子較寬的那端，兩枚子葉連接在未來的根和未來的莖交接處。

　　所有被子植物的種子，最初在果實內形成、生命發端時，就擁有儲藏在胚乳組織中的養分（endosperm，endo＝內；sperm＝種子）。胚乳組織在受粉時形成，也正是被子植物的胚受精的時期。胚乳源自父系和母系，但松子的胚周圍是母體營養組織。第四章詳細敘述了一顆花粉粒讓一朵花受粉時，如何產生胚和伴隨的胚乳。有明顯子葉的種子（例如蘋果、豆類、向日葵和花生的種子），種子中的胚期植物早在發芽之前，就會將大部分儲藏的養分從胚乳傳送到子葉。

　　我們目前看過的被子植物種子正是這樣；這些種子發芽時，胚乳已經完全消失了。然而，許多種子（例如番茄、玉米、辣椒、裸麥和小麥的種子）沒有那麼明顯的子葉。這些種子保留原始的胚乳來儲藏養分，在發芽時利用其中的養分。裸麥、辣椒和

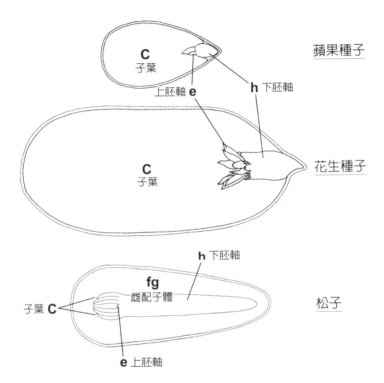

圖1.3：蘋果（上）和花生（中）的成熟種子內部，它們胚乳中富含的養分全都傳送到包著胚的兩枚子葉（c），子葉將為胚的早期生長提供養分。每個胚的上胚軸（e）和下胚軸（h）都有標示。

松子（下）內部，胚和子葉的周圍是營養組織，這種組織的起源與被子植物富含養分的胚乳不同。胚乳是由精細胞與雌細胞的兩個核融合而成，而松子的營養組織則是單一個雌細胞多次分裂而成（fg＝雌配子體），花粉精細胞毫無貢獻。這部分將在第四章進一步探討。

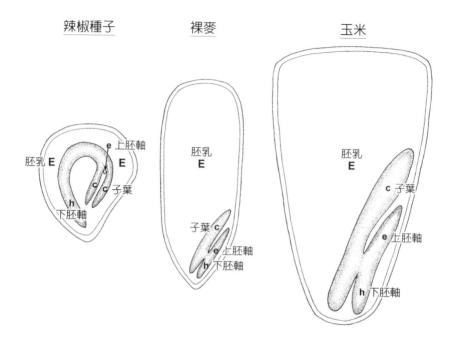

辣椒種子　　　　　裸麥　　　　　玉米

胚乳 E　　　E
e 上胚軸
c c 子葉
h
下胚軸

胚乳
E

子葉 c
e 上胚軸
h 下胚軸

胚乳
E

c 子葉

e 上胚軸

h 下胚軸

圖1.4：雙子葉的辣椒（左）、單子葉的裸麥（中）和單子葉的玉米（右）種子內部；富含養分的胚乳（E）包圍著胚（未來的植物），有一枚或二枚子葉（c）、一條未來的根（即下胚軸，h）和一根未來的莖（即上胚軸，e）

玉米種子的內部圖，顯示胚乳和子葉的這些差異，加上不同種子剛發芽時的情形（圖1.4）。

💬 假設

　　豆類剛發芽的時候，如果你小心地摘掉兩枚子葉，會發生什麼事？比較兩枚子葉都在的豆苗，和失去一枚或兩枚子葉的豆苗的生長情形。其他來源的養分有可能取代子葉所提供的養分嗎？

失去一枚或兩枚子葉的豆苗，能長得像兩枚子葉都在的豆苗一樣高大嗎？什麼時候摘除豆苗的子葉，完全不會影響到未來豆苗的發育？

向日葵剛萌芽時，如果你將一枚或兩枚子葉輕輕用錫箔紙包起來，不讓光線照到子葉的細胞，五、六個小時後會發生什麼事？如果你對這些剛萌芽的幼苗，用小剪刀剪掉上胚軸，只留下子葉呢？讀過第二章查爾斯・達爾文（Charles Darwin）和法蘭西斯・達爾文（Francis Darwin）的實驗之後，應該比較能理解你觀察到的結果。

知道該往哪裡萌芽

🔍 觀察

知道上和下的區別，對所有植物來說都很重要。每粒種子中，我們都能看到未來的葉子指向一個方向，未來的根則指向相反的方向。種子裡，未來的根和未來的葉有絕對的方向性。不過，你將種子小心地種下，或是均勻撒在花園裡時，不論種子是正是反，朝向哪裡，都能讓根往下長、葉子往上長。所有種子都有明確的方向感。

要示範植物分辨上下的能力，玉米粒是非常好的例子；玉米種子尖端會冒出第一條根，平的那端則會冒出第一片葉子。拿一張乾燥的濾紙，把大粒玉米種子朝不同方向黏在濾紙上（下一頁圖1.5）。坐在書桌或餐桌旁，把一些玉米粒朝向你黏好，一些朝

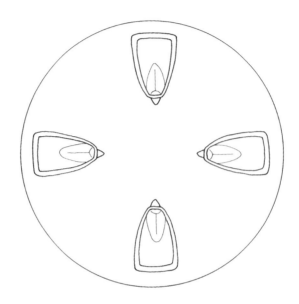

圖**1.5**：將玉米種子黏在濾紙上面，用水潤濕濾紙，再放入培養皿之後，玉米種子就會開始萌芽。把培養皿垂直放置，等待幾天，最初的根（下胚軸）就會從種子尖尖的那端冒出來

向你左邊，一些朝向你右邊，一些朝向你前面。等膠水完全乾燥之後，就把濾紙沾濕，放進直徑10公分的培養皿，蓋上蓋子關住濕氣，用膠帶將蓋子黏在培養皿上，以免它脫落，然後把平放的培養皿豎起來，模擬發芽種子在土壤裡的自然狀態。靜置幾天。四粒玉米種子的第一條根，都往同一個方向生長嗎？

💬 假設

讓四粒種子的第一條根都長到大約2.5公分長。你覺得如果

把培養皿翻轉一百八十度，生長中的根會發生什麼事？

如果把培養皿平放呢？平放的時候，根無法往下長，只能往上或往旁邊長。確認濾紙是濕潤的，然後把平放的培養皿上下顛倒。濾紙和種子會黏在培養皿原來的底部。玉米幼苗的根和莖只能往下或往旁邊長，不能往上長，現在必須適應上下顛倒的狀態。

根要怎麼感應到上下的不同？我們人類對上下的感覺，來自內耳一個腔室裡的微小顆粒移動，摩擦到微小的細胞構造，而植物細胞生長中的根尖含有緻密的圓形小顆粒 ── 平衡石（statoliths，stato＝靜止；lith＝石）。細胞改變方向時，平衡石會移動（下一頁圖1.6）。這些平衡石其實是緻密的澱粉顆粒，形成於澱粉體（amyloplasts，amylo＝澱粉；plast＝形體，是不含葉綠素的特殊葉綠體）中。前言的圖I.6（p.23）是葉綠體轉變為澱粉體的好例子。

平衡石落到細胞底部時，根就往下長，根尖周圍均勻成長。但如果把根側著放，平衡石會落到細胞的下側。這時根上側生長得比較多，於是根開始往下長。如果把根尖上下顛倒，讓平衡石落到細胞頂上呢？平衡石的這種移動會促使根尖向後轉，使根往完全相反的方向生長。

現在我們了解，根尖細胞會把平衡石位置改變的現象，轉化成根部有方向性的生長。不過，一開始是平衡石移動，最後根尖移動，中間過程的細節仍然有待細心設計的假設和實驗來填補，許多在後文有進一步的探討。

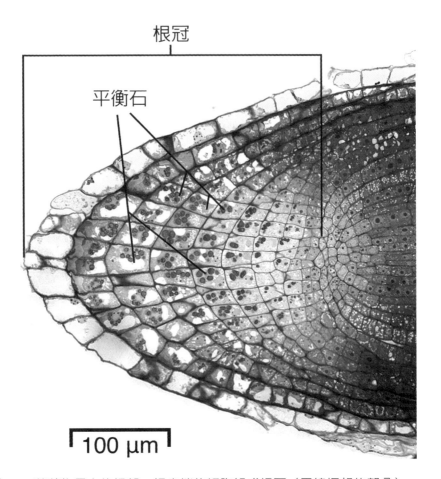

根冠

平衡石

100 μm

圖1.6：蘿蔔生長中的根部，根尖端的細胞組成根冠（黑線框起的部分），其中具有感應重力的平衡石。隨著根轉變方向，根冠細胞中平衡石的位置也會移動。

💬 假設

如果根冠細胞內平衡石的移動，會傳遞訊息給根部，讓根知道自己在土壤中的方向，那麼我們可以假設，一旦切除或損傷根冠細胞，根對重力的正常反應就會受影響。

重複前一個玉米種子的實驗，把種子依四個不同方向黏在濾紙上。最初的根從玉米種子內萌發之後，小心用小鑷子或細大頭針摘掉根冠。接著觀察這些根的生長。少了根冠和根冠中的平衡石，對根生長的方向有什麼影響？

知道何時該萌芽

種子維持休眠狀態，直到從環境收到信號，知道該行動了。這些信號會告訴種子，環境適合，可以開始生長。如果空氣和土壤太冷或太乾，或種子在黑暗的土壤裡埋得太深，光源遙不可及，那就沒必要萌芽。

🔍 觀察

想觀察種子發芽和新植物誕生的一連串事件，可以在有蓋的培養皿中放入潤濕的濾紙，把蘿蔔種子放在潮濕的濾紙上。最先從種子冒出來的是未來植物的哪個部分？最先萌發的東西，它周圍毛茸茸的東西是什麼？從特寫圖可以看到，這些毛茸茸的東西不是發黴，而是萌發物表面的細胞伸出數以千計的絨毛（下一頁圖 1.7）。

蘿蔔種子長出的最初萌發物，伸長鑽過土中，上面數以千計的絨毛會朝四面八方的土壤延伸，鑽進細小的孔洞和空隙，尋找

圖 1.7：蘿蔔幼苗的無數根毛，伸向發芽種子周圍土壤中無數的細孔。

生長所需的水分和養分。這些絨毛可以伸進土壤中，不會和彼此糾纏打結——這種能力就像魚群裡數千隻魚成群結隊而游，或鳥群中數千隻鳥成群結隊而飛一樣神奇。

深埋在地下的種子可能健康地休眠好幾年。西伯利亞一種野花的種子是目前的紀錄保持者，在休眠的健康狀態存在了三萬兩千年。俄羅斯科學家在2012年的報告指出，他們發現石竹科（pink family）蠅子草屬（*Silene*）一種花的種子在三萬兩千年前被藏在一隻地松鼠的地洞裡——當時，這片地景中除了毛茸茸的

長毛象，也長著這些野花。地洞建造不久，就被埋到38公尺的沉積物下，種子在這些年來一直在冰凍狀態。埋在土裡的種子面臨兩個難題：缺乏光能，也缺乏氧氣；只有回到土壤表層，這些種子才會發芽。

💬 假設

　　不同種子要發芽的環境需求不一樣嗎？所有種子都能在黑暗中發芽，或者只有一些可以？放在培養皿裡濕濾紙上的種子，不會有氧氣不足的問題；但那些種子在冒出最初的莖之前，可能不只需要水分和氧氣，也需要光。

　　要測試種子對有光、無光的反應，可以把菸草種子放到培養皿裡濕潤的濾紙上。取三個直徑10公分的培養皿，每個培養皿撒上薄薄一層細小的菸草種子之後，一個培養皿放在光線中，另一個放在完全的黑暗中，靜置五天。第三個培養皿在完全的黑暗中放兩天，拿到光線中放一天，再拿回黑暗中放兩天。用相同的程序處理蘿蔔種子。有些種子只要有水分和氧氣就足以啟動發芽程序。你能想出為什麼不同的種子會有不同的發芽需求嗎？

　　種子在一年裡任何時候都能發芽嗎？沙漠中的環境會一連乾旱幾個月，沙漠植物的種子又如何？許多種子在夏末成熟（例如蘋果、燕麥和草原野花），必須經歷冬季的冷天才會發芽。如果種子在初冬發芽，立刻就要面對嚴寒；相反的，這些種子維持冬眠狀態，直到接觸攝氏5度以下的低溫幾個星期之後，才會發芽。這些種子可能在室外天然的冬天中經歷這樣的溫度，或在冰箱裡經歷人造的冬天。冬天過後，或是在攝氏5度以下放置一定

的日數之後，種子就能開始發芽，不用擔心新芽遭到凍傷。

　　一些種子需要曝露於關鍵的低溫時期才能發芽，其他某些種子則必須等到曝露在火、煙或雨水中，才開始萌芽。許多熱帶植物的種子，只有在相對高溫的一個溫度範圍（攝氏35度到40度）才會發芽。堅硬厚實、不透水的種子皮，時常是在短暫接觸火之後爆裂，讓種子內部的胚接觸到更多水分和空氣。芝加哥植物園（Chicago Botanic Garden）的研究者顯示，雖然煙霧未必是種子發芽不可或缺的條件，但一些草原植物的種子接觸到煙霧之後，發芽率會提高到30%到40%。種子在自己的獨特棲地必須面對特定的濕度、光線和溫度環境，因此這些因素決定了種子發芽的信號。

　　休眠的種子中，常常可以找到抑制生長的因子；當種子開始生長時，這個因子就會消失。同樣的因子也會出現在休眠中不活躍的芽。等到春天來臨，生長促進因子的濃度才會升高，而生長抑制因子的濃度下降。我們會發現，生長促進因子和生長抑制因子之間的平衡，控制了種子發芽，以及植物生命中許許多多的事件。以種子來說，有個因子會抑制發芽，維持種子的休眠狀態，直到白晝加長、溫度升高，使生長促進因子的濃度上升。

　　想提出「一些化學因子會導致某些種子發芽受到抑制」這個假設，第一步是觀察到某些種子必須低溫處理才能發芽。在休眠種子中可純化出一種簡單的有機物質 —— 離層酸（abscisic acid, ABA）。種子開始發芽時，抑制生長的離層酸濃度會下降，而生長促進因子的濃度則開始上升。此外，也有實驗檢驗了「離層酸不只會抑制種子發芽，也會抑制芽生長」的假設；針對許多不同

種子和植物的觀察結果，符合該假設為眞的預期狀況。

離層酸之所以叫離層酸，是因爲當時也假設這種物質會觸發老葉和植物分離、脫落（absciss＝切斷）。不過，仔細觀察植物的離層（abscission）過程，會發現離層酸並不會刺激較老的成熟葉脫落。離層酸其實是抑制老葉基部鄰近的芽生長，因此阻止這些芽裡未來的葉子出現，直到春天較溫暖的日子來臨爲止。

不過，離層酸的抑制影響會被至少一種生長刺激因子抵消。種子中有一種生長因子會把澱粉轉化爲糖；澱粉是種子中儲存的休眠能量，糖則是種子發芽時可用的活化能量形式。這個生長因子稱爲「激勃素」（Gibberellic acid, GA），不只在種子發芽時活躍，在植物生命中的其他階段也活躍（下一頁圖1.8）。

其實，最初人們是在水稻身上觀察到這個生長因子的影響。水稻受到水稻徒長病菌（Gibberella fujikuroi）這種眞菌感染之後，會長得特別高瘦細長。這種眞菌產生的物質，會刺激稻株的細胞延長、生長；而這種物質原來是簡單的化合物，後來就以最初分離出這種物質的眞菌爲學名。自從在眞菌中發現激勃素之後，激勃素就被視爲植物生長（從春天種子發芽到秋天老化）的重要因子。我們將離層酸和激勃素這些化學物質在植物生命中「激發」特定反應或無反應的物質，稱爲「荷爾蒙」（hormone，hormon＝激發）。

雖然其中一種荷爾蒙可能主要負責協調植物生命中的某個重要事件，但所有這些荷爾蒙都存在於植物體內，而且沒有哪一種荷爾蒙完全獨立作用。植物荷爾蒙會互相影響（濃度不同、部位不同、時間不同），而我們仍在探索它們交互作用的方式。之後

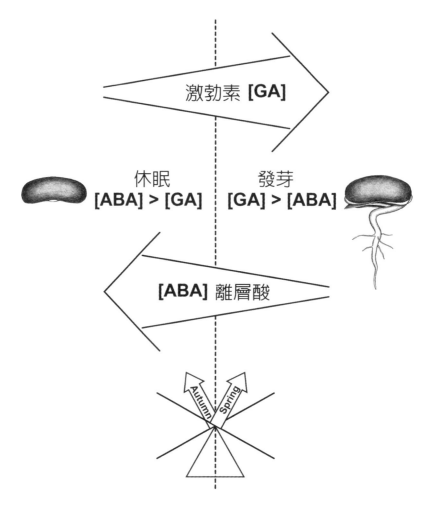

圖1.8：兩種植物荷爾蒙的相對濃度：離層酸（ABA）和激勃素（GA）隨著一年四季而起伏，協調植物生命中的重要事件，例如休眠、種子萌發和芽綻放。荷爾蒙濃度的平衡，決定了芽和種子的命運。

圖1.9：赤櫟（左）的堅果和白櫟（右）的櫟實不只有不同的發芽需求，也有不同的萌芽策略。

的內容會討論到植物生命中其他的重要事件，到時候我們熟悉的一些植物荷爾蒙加上幾種新的植物荷爾蒙就將登場。

🔍 觀察

赤櫟（red oak）和白櫟（white oak）這兩種植物是近親，但它們的種子（櫟實〔acron〕，殼斗科的堅果，俗稱橡實）面對冬

季嚴寒的日子時，有兩種截然不同的策略。秋天裡，收集紅櫟和白櫟的櫟實，放在大花盆裡潮濕土壤的表面；觀察這兩種不同但親源相近的種子，如何為冬天來臨做準備。

櫟樹分成兩大群（赤櫟和白櫟），很容易由葉片和櫟實的外形來區別。赤櫟群成員的葉片先端收尖；白櫟群成員的葉片先端則是圓鈍（上一頁圖1.9）。此外，兩者的發芽需求不同，而且櫟實成熟所需的時間也不同——赤櫟要兩年，白櫟卻只要一年。

Chapter 2

芽和莖，幹細胞和分生組織：向上、向下及向外生長

Buds and Stems, Stem Celss and Meristems: Growing up, down, and out

圖2.1：向日葵不只吸引老鼠和金翅雀，也會吸引授粉者，例如蜜蜂（左上）、雄馬蠅（左中）和大隻的藍黑色細腰蜂。雌細腰蜂沒在替花授粉時，會尋找蟋蟀（左下），把牠們塞進她為卵和幼蟲建造的地下空間。

　　植物莖部的每個芽都含有一個或多個特殊的細胞——幹細胞，每個幹細胞都能長成一整朵花、一枚葉子、一條根，甚至一株全新的植物。幹細胞（stem cell）和植物的莖（stem）有一些類似的特徵。不過，幹細胞是單一一個細胞，植物的莖則是由許多細胞組成的一種組織；幹細胞和莖都代表著基本且未分化的組織，可以長成其他所有的植物構造（例如花、葉、根）。然而，每個芽裡都有數以千計的特化細胞，卻只有一個或少數幾個幹細

胞；植物的莖可能有許多這樣的芽，而有同樣數目甚至更多的幹細胞。所有生物體內，未特化細胞變成特化細胞以進行特定工作的地方，都有幹細胞。

幹細胞集中在植物的特定部位，這些部位稱為分生區域（meristematic regions）。向上或向下生長的分生區域，會形成莖和根的芽（下一頁圖2.2、2.3）；向外生長而擴大根、莖直徑的分生區域，會形成莖和根圓周表面下的分生組織環（p.50圖2.4、p.52圖2.5）。meristos這個希臘字的意思是「可分裂」，指的是所有分生區域的一個特徵，這些區域具有幹細胞，其中的細胞會持續分裂。幹細胞不只有能產生一系列特化細胞的特殊能力，也能分裂產生更多和自己一樣的未特化幹細胞。

園藝植物的莖和根不只會延長，直徑也會加粗；不只往上、往下長，還會往外長。所有植物為了增加細胞而擴大直徑，都有形成層——這是在莖幹周圍表面下的薄薄一圈分生組織，從地下的根尖一直延伸到地上的芽。「形成層」的拉丁文（cambium，複數是cambia）意思是「改變」，指的是形成層中那些會分裂的未特化細胞轉變成特化細胞過程的驚人改變。

這些細胞的命運，取決於它們位在那圈持續分裂的形成層細胞的內側或外側。形成層的幹細胞，不只會分裂產生更多和它們一樣的未特化幹細胞，也向根部表面產生特化細胞、向根部中心產生另一類的特化細胞（圖2.4）。形成層圈內側的幹細胞向植物中心（木材部分）分裂，形成木質細胞（xylem，xylo＝木材），負責從下往上輸導水分和礦物質。形成層圈外側的幹細胞向樹幹外側（樹皮方向）分裂，形成韌皮細胞（phloem，phloem＝樹

放大圖 剖面圖

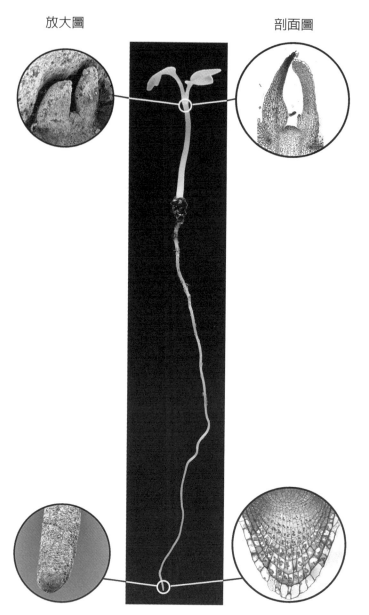

圖2.2：蘿蔔苗的兩個芽——根尖與頂芽的特寫。
左邊的掃描式電子顯微鏡影像，顯示頂端分生組織和根尖分生組織的放大
圖。
右邊是這兩個區域的剖面圖，可以看到兩種分生組織內部的細胞排列。

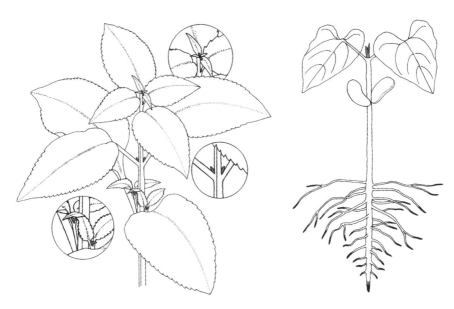

圖2.3：彩葉草屬植物（*Coleus*，左）和矮菜豆（右）的幹細胞位在地上的芽和地下的根尖。圖中的這些分生組織已放大並加深顏色。

皮），負責輸導上方葉子形成的糖（圖2.4）。隨著形成層的幹細胞產生木質和韌皮細胞，植物繼續向外擴張。而這木質和韌皮細胞就組成了維管束（vascular，vascu＝管道）運輸系統。

🔍 觀察

有個好辦法可以觀察植物如何向外生長，以及向上、向下生長，就是在根部橫切面找到構成形成層的薄薄一圈幹細胞。把小胡蘿蔔根的尖端放在充滿綠色或藍色食用色素的試管裡。負責從土壤中輸導水分和礦物質的特化細胞，會把藍色色素從胡蘿蔔根

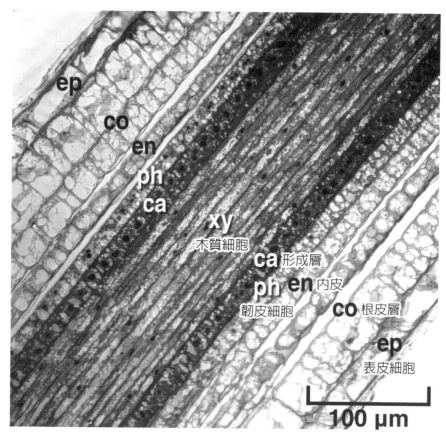

圖2.4：蘿蔔幼苗根部的縱切面，整條莖的寬度都呈現在圖中，從最外層的表皮（ep）到中央最內部的木質部（xy）。深色的一圈形成層（ca），區隔出形成層圈外的韌皮細胞（ph）和形成層圈內部的木質細胞（xy）。根皮層（root cortex，co）的細胞和內皮（en），區隔了韌皮細胞（ph）和表皮細胞（ep）。

的尖端運送到鈍端，也就是之前長葉子的地方。兩、三個小時之後，洗掉根尖外面的染料，拿一把鋒利的刀或刮鬍刀片，把胡蘿蔔根縱切，看看色素沿著根運送到哪裡了。色素會標示出特化的木質細胞，這些細胞把水和礦物質運送到植物的葉、花、果實。形成層的幹細胞形成薄薄一圈細胞，環繞著中間一圈有染料的細胞（p.52圖2.5）。這層形成層細胞外面包了一圈韌皮細胞，而韌皮細胞專門往相反方向運送糖——從葉、花和果實運送到根。

　　形成層的一圈幹細胞產生新的細胞，不只是爲了讓植物長得更粗，也是爲了替換缺損的細胞。形成層的幹細胞能神奇地讓兩條受傷的莖癒合在一起，讓園丁把同種植物（甚至不同種，只是近親的植物）的兩條莖嫁接在一起（p.53圖2.6）。把紅番茄的莖嫁接到黃番茄上，就會得到一株鑲嵌的番茄株，既會長出紅番茄，也會長出黃番茄。番茄和馬鈴薯是同一科的植物，所以把番茄的莖嫁接到馬鈴薯的莖上，就會得到一半是番茄，一半是馬鈴薯的植物——既能在地上長出紅番茄，又能在地下長出褐色的馬鈴薯。嫁接成功的奧祕，在於兩種植物形成層的幹細胞能夠合作遞補及修復嫁接過程中被切除的細胞。癒合過程中，要把兩條莖用膠帶黏在一起。兩個星期之後，番茄形成層與馬鈴薯形成層的分生細胞，不只會增殖取代了缺損、死亡的細胞，而且兩條莖的受損表面完全癒合、融合了。

　　把兩株15到20公分高的植物靠近，種在同一個大盆裡。輕輕用細繩或魔帶（紮線帶）把莖綁在一起，交接處大約是植物一半高的地方（p.54圖2.7）。

　　用刮鬍刀片在綑綁處的上方割下一片植物莖部，長度約2.5

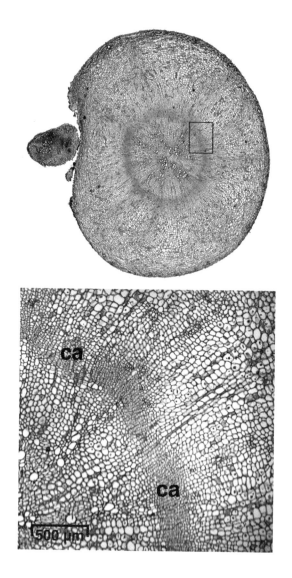

圖2.5：

上：胡蘿蔔根的橫切面，可以看到根中央的木質細胞和外圍韌皮細胞之間，有薄薄一圈形成層幹細胞。長方形框起的區域內，左下半是形成層圈和木質細胞，右上半則是韌皮細胞。主根的左邊冒出支根，支根的切面也顯示在圖中。

下：同一條胡蘿蔔根的橫切面，來自上圖長方形框起處的特寫，顯示了環狀的形成層分生組織（ca）。

圖2.6：一株番茄（左）和一株馬鈴薯（右）並肩生長。番茄和馬鈴薯都是茄科（Solanaceae ／ nightshade family）的植物。

公分，深度不超過莖直徑的三分之一 —— 換句話說，深度要足以達到兩條莖的形成層。

　　兩株植物切掉的表面要緊緊貼合，並綑上膠帶，讓植物能癒合，維持健康。如果十到十四天之後，植物看起來健康，甚至冒

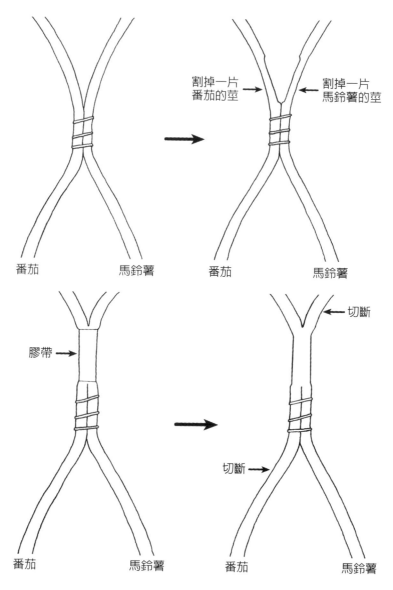

割掉一片　　　　　　　　割掉一片
番茄的莖　　　　　　　　馬鈴薯的莖

番茄　　　　　　馬鈴薯　　　　　　番茄　　　　　　馬鈴薯

　　　　　　　　　　　　　　　　　　　　　　　　　切斷

膠帶

　　　　　　　　　　　　　　　　　　　切斷

番茄　　　　　　馬鈴薯　　　　　　番茄　　　　　　馬鈴薯

圖 2.7：

上：把番茄莖嫁接到馬鈴薯莖的第一步。

下：把番茄莖和馬鈴薯莖切開的表面接合，它們形成層分生細胞已經分
裂，讓傷口癒合。

出新芽，就用刮鬍刀片在馬鈴薯植株的嫁接處上方2.5公分處，切掉馬鈴薯植株的上半部，然後切掉嫁接處下方2.5公分以下的番茄植株。再過兩、三天，拿掉細繩、魔帶和嫁接膠帶。成品是一株鑲嵌的番茄馬鈴薯，夏天會結出番茄，夏末番茄莖和葉枯萎之後，就能收成馬鈴薯。

💬 假設

　　把生產大顆紅番茄（LR）的一株番茄，和生產櫻桃番茄（RC）的一株番茄，嫁接在一起。選用的植株高度都是15公分到20公分高，以嫁接紅番茄到馬鈴薯上的方式來處理。比較兩種不同鑲嵌番茄的果實數量和大小（一株是大顆紅番茄根、櫻桃番茄莖，另一株是櫻桃番茄根、大顆紅番茄莖）。根和莖的某種組合，會造成高於平均或低於平均的果實收成嗎？

頂芽及其優勢

　　芽裡的幹細胞持續讓植物產生新細胞和新生長。這些分生區域會彼此聯繫，以免莖生長雜亂，而主要負責協調的就是頂芽（Apical bud）。其實，植物的不同分生組織有健全的階級制度（地位高低），頂芽會向莖部較低處的芽傳遞頂芽優勢，維持這種階級。

　　人體內細胞之間要傳遞訊息時，可能有三種不同方式：（一）細胞可以從一位置移動到另一位置，就像血球細胞持續在體內移動；（二）細胞可以朝特定方向生長及延伸。人類腿上的一個

神經細胞，最多可以從背後延伸到腳趾；（三）細胞釋放化學信號，傳送到遠方給另一個細胞，也是一種傳訊息的方式。這些化學物質在一處製造，然後散布到其他地方。

　　植物細胞有著堅固的細胞壁，無法沿著莖從一個位置明顯地移動或延伸到另一個位置；但植物細胞可以發送化學訊息，可能在同一株植物中傳遞，也可能是一株植物傳給附近的另一株植物。傳遞訊息的化學物質稱爲「荷爾蒙」。之前在第一章提過激勃素和離層酸，這類荷爾蒙能促進一些作用，抑制另一些作用，因而促成植物體內的改變。

　　植物的生長頂點（例如芽）有幹細胞，這些芽裡也有協調植物體內各個芽的一種荷爾蒙。查爾斯・達爾文和兒子法蘭西斯最早觀察到幼苗總是朝光源生長，照光比較少的那一側長得比較快（編按，所以才會使植物的莖彎向光源），因此推論植物體內存在這種重要的荷爾蒙（圖2.8）。雖然幼苗彎向光線時，彎曲的位置是在幼苗的生長頂點下方，但達爾文父子的實驗顯示，幼苗尖端顯然感應到光。用不透明的黑蓋子罩住幼苗的頂芽，或是實際把頂芽摘掉，證實了必須有頂芽，幼苗對光才有反應。他們在1880年的著作《植物運動的力量》（*The Power of Movement in Plants*）中觀察到：「只有最頂部對光敏感，然後把影響傳到下方，使下方彎曲。」

　　之後又有另外兩個假設，試圖解釋光對幼苗生長點的驚人影響。幼苗曝露在光之下，可能使某種刺激生長的影響因子移動到植物生長頂點的暗面，也可能是照光那一側的這種影響因子受到破壞。結果證實正確的是前一個假設。

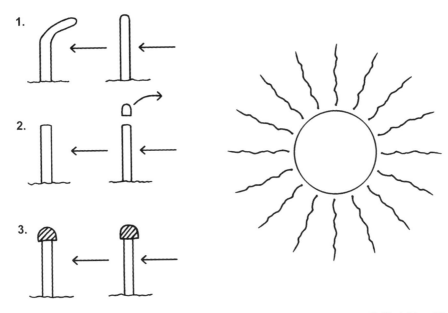

圖2.8：查爾斯・達爾文和法蘭西斯・達爾文用燕麥幼苗的頂芽做實驗，證實有生長促進因子（荷爾蒙）存在。

觀察：⑴燕麥幼苗彎向來自右邊的光。如果⑵摘除頂芽或⑶用不透明的蓋子蓋住頂芽，燕麥幼苗就不會彎向光源。

假設：幼苗的頂芽會偵測光線。某種生長促進因子傳送到幼苗下半部，刺激幼苗背光的那一側長得比較快。

　　夏天裡，向日葵生長中的頂芽對光有反應。向日葵幼苗的葉子和頂芽會追蹤太陽在空中移動的軌跡，早上向東對著朝陽，傍晚朝西對著落日。幼苗背對太陽的那一側長得比面對太陽的那一側更快。陽光會讓促進生長的荷爾蒙移動，早上在向日葵莖的西側，下午移動到向日葵莖的東側。

達爾文父子最初進行幼苗頂芽實驗是一百多年前的事了，這種簡單的傳訊者會回應光線，並在植物體內傳送。如今我們不只知道它的化學結構，也知道這種傳訊者影響植物細胞生命的其他一些方式。化學傳訊者會在植物背光的那一側刺激細胞生長。但這種傳訊者在植物不同的部位（根或莖），對生長的影響也不同。我們在第一章發現，發芽中的種子或盆栽從直立變成橫著擺時，這種化學傳訊者會刺激根上側的生長，但不會刺激莖下側的生長。如此一來，根會往下長，而莖則往上長。

　　這種簡單的化學物質所引發一連串的事件，最終不只塑造了植物的特定部位（例如葉、果實、根），也塑造了整株植物。這種化學訊息稱為「生長素」（auxin，auxe＝生長）。我們現在知道生長素和其他植物荷爾蒙協調作用，控制植物生命的其他許多關鍵事件，例如老化、發芽、生長、運動，以及植物對昆蟲與微生物的防禦反應。生長素和一種或多種其他荷爾蒙的簡單交互作用，可以決定未分化的植物細胞的命運——會變成根、莖或二者兼具，見圖2.9。

　　許多假設已經受過檢驗，而在植物學家試圖更深入了解生長素和其他植物荷爾蒙（細胞分裂素、激勃素、離層酸、乙烯、水楊酸和茉莉酸，見附錄A、p.229圖9.4）的複雜交互作用時，還有待進一步檢驗。這些植物荷爾蒙之間的交互作用很複雜，科學家仍然在努力解答，不過這些荷爾蒙有幾項基礎事實似乎屹立不搖。細胞分裂素（cytokinin）促進細胞分裂，激勃素則促進細胞延長。在老化和衰老的過程中，乙烯（ethylene）能抑制生長素和細胞分裂素的生長促進作用。離層酸則在種子發芽過程中，抑

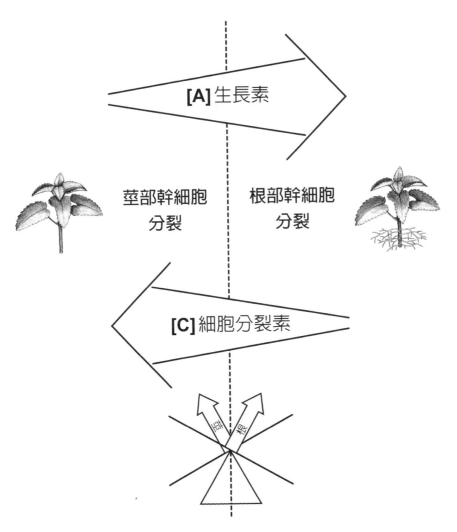

圖2.9：莖和根部分生組織中，兩種荷爾蒙——生長素（A）和細胞分裂素（C）的濃度起伏，調節了幹細胞的分裂和分化。這兩種荷爾蒙的濃度決定了莖和根的命運。主枝的生長素濃度升高、生長素和細胞分裂素的濃度比提高，會促使莖上形成不定根。

制激勃素、生長素和細胞分裂素的生長促進作用。這些荷爾蒙一同作用，有時彼此促進，有時則互相抑制。為了因應昆蟲或菌類的攻擊，植物會產生水楊酸（salicylic acid）和茉莉酸（jasmonic acid）。而且絕對還有更多荷爾蒙有待發掘，例如最近就發現了一種荷爾蒙：菜籽類固醇（brassinosteroids，brassica＝高麗菜；ino＝屬於；steroid＝荷爾蒙），它會影響植物細胞的大小，和人類的類固醇性激素相似得驚人。

　　生長素是一種簡單的有機化合物，不難在實驗室中人工合成。生長素易於取得，因此能檢驗我們針對「若以合成生長素取代天然生長素，對植物組織會有什麼影響」或「當細胞和組織接觸過量生長素時，會有什麼反應」所提出的假設。生長素通常被當作發根劑來販售，用於園藝植物的地上插條，以促進發根。添加生長素會提高植物體中生長素和細胞分裂素的比值；這樣改變荷爾蒙的平衡，就可促使插條發根，如前一頁的圖2.9所示。

🔍 觀察

　　一個芽的優勢高低，取決於芽在主莖上的排列，莖頂的芽位階最高。如果摘掉彩葉草屬植物、豆類植物或羅勒最高處的芽（也就是生長素這種荷爾蒙的天然來源），莖部下方的側芽會發生什麼事？莖部側芽和側芽幹細胞的發育，顯然會被莖部頂芽細胞抑制。

　　先找四株剛萌芽、外觀相似的豆苗。每株豆苗要有兩片對生的葉子，兩片葉子間有一個生長中的頂莖。頂莖和對生葉片相連的地方，葉柄和直立莖的兩個夾角各長了一枚側芽。這個夾角

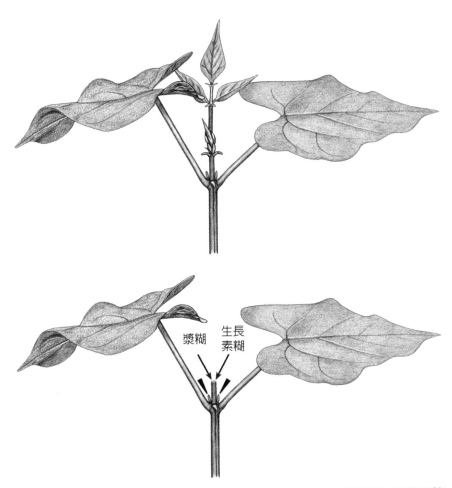

圖2.10：豆苗有一個中央的頂莖，左右是第一對真葉。頂莖是生長荷爾蒙「生長素」的主要來源。頂莖的生長素造成的頂芽優勢，會影響整株植物的生長和形態。

如果去掉這個生長素來源，可以觀察一些植物部位（例如頂莖下方的側芽，三角箭頭處）生長狀況立刻發生什麼改變，而這樣的生長狀況如何影響豆苗的形態？光是塗上一層生長素粉調成的糊，就能取代頂莖產生的生長素所造成的頂芽優勢嗎？

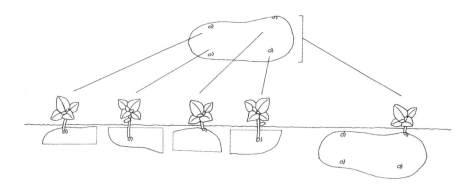

圖2.11：如何決定馬鈴薯的「芽眼」命運？馬鈴薯切成四塊，分別種進土裡（左），每一塊上面的芽都會長成一株新的植物；但如果把整顆馬鈴薯種下去（右），一個芽就會展現優勢，抑制其他三個芽。

稱為葉腋，而側芽又稱為腋芽。比較一下這些休眠的芽在不同情況的表現：（一）摘掉直立的莖和葉片；（二）莖和葉片維持原狀（圖2.10）；移除剩下兩株豆苗直立的莖和頂芽。我們知道頂莖是生長素的來源，會發揮頂芽優勢，抑制莖上較低的芽。外加的生長素是頂芽的理想代替品嗎？在一株豆苗莖的切面塗上生長素糊（可以在園藝店買到），另一株莖的切面則塗上漿糊當作控制組。

　　雖然馬鈴薯長在地下，卻是膨大的莖，莖上有許多芽（稱為「芽眼」；馬鈴薯和其他地下蔬菜將在第三章和圖3.4進一步討論）。把整顆馬鈴薯種到土裡，只會冒出一枝馬鈴薯的嫩莖；由此可知，馬鈴薯的一個頂芽表現出頂芽優勢，抑制其他芽的生長。然而，如果把馬鈴薯切成幾塊，每塊都有個芽眼，那麼馬鈴薯的每個芽就會脫離單一頂芽的優勢影響。種下的每一塊馬鈴

薯，都會萌發一枝嫩莖（圖2.11）。

💬 假設

你覺得摘掉頂端分生組織之後，這些芽（分生區域）會發生什麼原本不會發生的事？如果頂芽和最下層側芽之間的所有芽都去掉（只剩距離最遠的兩組芽），會發生什麼事？少了中間的芽，頂芽還能抑制最下面的芽生長嗎？注意一下，隨著和頂芽的距離加長，下方的側芽大小有什麼變化？側芽和頂端分生組織的距離，對側芽的生長狀況和大小有什麼影響？

抱子甘藍是秋天收成的蔬菜，那時會有許多側芽（甘藍芽）沿著長長的莖生長（下一頁圖2.12）。種植這種蔬菜的人都知道，想在生長季末有最大產量的甘藍芽在秋天收成，最理想的辦法是摘掉大顆的頂芽。除掉這個優勢芽，就會除去抑制下方側芽生長的抑制因子。繼續採下植物上端的芽，會使下方的甘藍芽不再受到更上方的鄰居抑制。在這些甘藍芽生長時，注意一下它們沿著莖螺旋排列得多麼精準整齊。

我們常用欣賞或美學的名詞來形容自然中許多美麗的形態和樣式，但其實也能用物理和數學名詞來描述。蘇格蘭生物學家達西・溫特沃斯・溫普森（D'Arcy Wentworth Thompson）在1917年的著作《生長和形態》（*On Growth and Form*）中分享了這種大自然中數學美感的觀點：「細胞和組織、殼和骨骼、葉子和花朵，都是大千世界的一分子。它們同樣遵守其組成微粒移動、塑形和整合的物理定律。」

圖2.12：抱子甘藍的側芽，摘除頂端生長
頂點之後，等到這些甘藍芽長到直徑大約
1.3公分，就準備收成。除去頂芽優勢一個
月左右，這些甘藍芽就會長到大約一致的
尺寸，可以收成了。

植物生長的幾何學

　　植物剛萌芽時，嫩莖、芽和第一對真葉是靠什麼決定它們在
最上方頂芽周圍的位置呢？從頂端分生組織往下看整段莖，會發
現陽光均勻灑在下面的葉子上。每片葉子整齊地螺旋長在莖上，
因此能得到自己那一等分的陽光。葉子在莖上螺旋排列，能確保

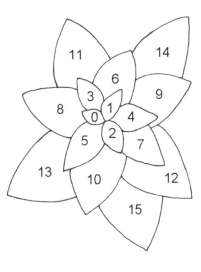

圖2.13：俯視植物的頂端分生組織，顯示出葉片從上到下的大小和年齡，是繞著主莖整齊地螺旋排列。左邊是翼柄菸草（菸草屬，*Nicotiana*）頂端分生組織從正上方拍攝的照片。右邊是向日葵在花朵形成之前，頂端分生組織的俯視簡圖。

沒有葉子完全被上方的葉子遮住光線（圖2.13）。

　　葵花子、鳳梨的漿果、松果的果鱗和櫟實的殼斗，也是螺旋排列，在有限的空間裡塞進最多種子和果鱗。這些整齊的排列，可以用數學描述為0和1起始的一連串數字。費波那西數列（Fibonacci series）其餘的數字是不斷把最後兩個數字加在一起，得到下一個數字——0, 1, 1, 2, 3, 5, 8, 13, 21, 34, 55, 89, 144, 233……

　　從一條莖最上方的葉子開始編號，以這片葉子為0號葉。然後沿著莖螺旋排列的葉子數下去，直到轉了360度，數到0號葉正下方的葉子。繼續數莖上的葉子，直到又繞著莖轉了兩圈，數到最上方葉子正下方的第二、三片葉子。注意一下對齊的葉子編號如何符合費波那西數列裡的數字（例如5, 8, 13）。

　　同樣的數列也能描述種子、花和果實形成的螺旋圖案。一旦開始注意這些數字和模式，就會在許多植物（例如向日葵）葉、花、種子的排列中看到這些數字。

　　以常綠樹毬果獨特的果鱗為例，花園中開花植物的種子是包覆在果實中，常綠樹的種子卻是曝露在毬果的果鱗之間。果鱗按交錯的螺旋狀排列；沿著整顆毬果和毬果基部的螺旋數量，符合費波那西數列的數字（圖2.14）。圖2.14的第一排第三個毬果是冷杉的毬果，在一般的平滑果鱗下夾藏著尖刺的珠鱗，被形容為「鼠尾尖」。這些尖刺的果鱗在其他果鱗之中非常顯眼，很容易在平滑果鱗的螺旋樣式之中分辨出尖刺果鱗的螺旋模式。被子植物中鳳梨的果實和朝鮮薊的花芽，完美映照了裸子植物毬果的螺旋樣式。

假設

　　茂密的園藝植物（例如羅勒、貓薄荷或彩葉草）在土壤上任意高度的分枝數目，都屬於費波那西數列（P.68圖2.15）。如果我們重組一株植物的分枝立體排列，會發生什麼事？花園裡常見的伏生雜草，基本上是平面的分枝樣式，也顯示植物分枝的這種

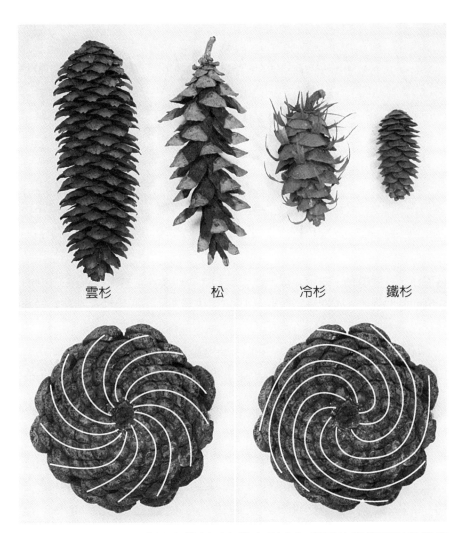

圖2.14：雲杉、松、冷杉和鐵杉（上排左到右）毬果的螺旋圖形盤繞情
形；螺旋數目符合費波那西數列的數字。下排每顆松果基部的螺旋很容易
計算。這裡的毬果各有八個和十三個螺旋；其他樹（例如白松，上排第二
個毬果）則有五個螺旋。

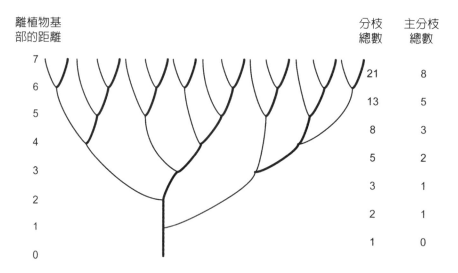

圖2.15：花園植物、灌木和喬木都有典型的分枝樣式。每條主分枝（粗線）都依地上部規律、週期性的層級（1至7）來分岔；二次分枝（細線）則兩層分岔一次。

規律排列。伏生、水平蔓延的雜草（例如蓼屬〔*Polygonum*〕、豬殃殃屬〔*Galium*〕、馬齒莧屬〔*Portulaca*〕、光葉粟米草〔粟米草屬，*Mollugo*〕或大戟屬〔*Euphorbia*〕）主要分枝的生長頂點數量，也符合費波那西數列（圖2.16）。

這些都是生長迅速的雜草，可以摘掉最下面二、三個分枝中的一個，觀察幾個星期內分枝的排列如何隨之變化。如果你移除最上方的一、兩個分枝，會發生什麼事？其他分枝如何適應少了分枝同伴的情形？分枝的位置在植物頂部形成精確的鑲嵌樣式（mosaic patter），這些分枝的位置是固定不變，或是會移動調節，以彌補行列中少掉的分枝？

圖2.16：常見的伏生雜草（例如大戟〔上〕和光葉粟米草〔下〕）在花園地面蔓延，一再分枝，符合一個規律的序列，數學上以費波那西數列表示。

葉子井然有序的出生與死亡

植物在生長季末會老化，那麼每年秋天所有葉柄脫離莖部，造成一年一度的大量落葉，是受到什麼控制的呢？老化的葉子脫落（也就是離層，abscission〔absciss＝切斷〕），使得每年秋天一公頃的森林落下幾噸的葉子。除了年老之外，還有其他因子控制植物落葉的情況嗎？

🔍 觀察

這種葉子年年死亡的情形，有個重要的現象：光是移除菠菜或彩葉草的一片葉子，就會促使葉柄提早剝離。如果摘掉菠菜或彩葉草夏季的葉子，留下葉柄，葉柄很快就不再翠綠，提早變黃（圖2.17）。幾天之內，黃葉柄和綠莖的色差變得很明顯；夏季的葉柄會像十月、十一月風大日子裡的秋天老葉柄一樣落到地上。怎樣的假設能說明一片葉子加速老化的這種情形呢？

生長素、細胞分裂素和激勃素這些植物荷爾蒙會促進生長，減緩植物部位老化（包括葉子），乙烯這種植物荷爾蒙卻會抵消這三種荷爾蒙在葉子的作用。乙烯不只是植物荷爾蒙，也是從前用來替溫室加溫的瓦斯中常見的組成。大約一百年前，栽培者發現他們溫室中微量的瓦斯會使葉子提早掉落。植物愈老，葉子對瓦斯中的某種成分就愈敏感。於是，他們將瓦斯做了化學分析，發現那種成分是乙烯。最初的觀察引發一連串的實驗來檢驗相關的假設——乙烯如何影響植物生命、如何與其他植物荷爾蒙交互作用而產生影響。

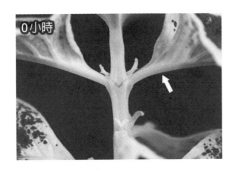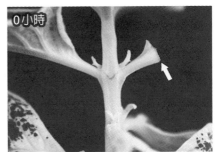

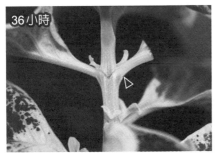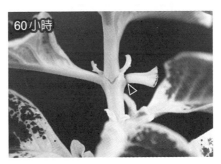

圖2.17：切除彩葉草右邊葉柄的葉片之後（箭頭處），莖和對生葉柄在不同時間的照片（0、36和60小時）。左邊葉子和葉柄維持原狀。右邊葉柄的葉片被切除後幾個小時，葉柄主莖（三角箭頭處）離層（脫離）的區域就形成。

💬 假設

　　如果將一株彩葉草切去四分之三或一半的葉片，葉柄會變成怎樣？依你推論，荷爾蒙之間的交互作用是什麼情形（例如生長素和細胞分裂素；生長素和細胞分裂素會促進葉子生長，乙烯則促進葉子老化）？

　　如果你在將葉片切掉後，就立刻把生長素糊抹到葉柄上，會

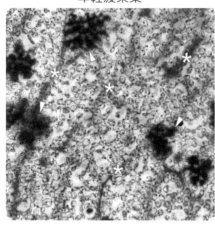
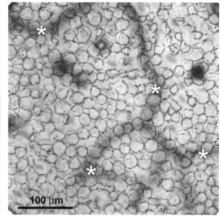

圖2.18：菠菜葉的照片，照片中是放大的葉部細胞，從年輕翠綠（左），變得又老又黃（右）。葉部細胞在老化過程中會膨脹、變大，失去大部分的葉綠素區塊。深色彎曲的管道（標示＊處），是葉面下木質部和韌皮部組成的維管束。年輕菠菜葉上更深色的五個區域（三角箭頭處），是表層細胞的單寧（tannin）色素。

發生什麼事？如果等到一天後再把生長素糊塗到葉柄上，會發生什麼事？

　　植物形成頂部花朵之後，葉部細胞的壽命就會縮短。如果彩葉草或菠菜株的花一形成就被摘除，附近較低處的葉片就能撿回一條命。初生的花朵愈早摘除，那株植物較低處的葉子存活及維持綠色的時間就愈長。繼續採下菠菜葉、防止菠菜開花，菠菜的壽命和收成葉子的時間，就能再延長幾週。

　　菸草栽培者一向致力於延長葉片壽命和生長時間，以提高收成的葉片大小。而上述摘除頂部花芽的作法（即摘心），就是菸

草栽培者的老方法。摘心會消除植物的頂芽優勢，也除去生長素這種荷爾蒙的主要來源；別忘了，生長素會抑制植物在莖部較低處的生長。消除來自頂部的抑制之後，植物下方的生長增加，而摘心處下方的葉子生長會突飛猛進。

植物頂部的生長素消失，如何刺激植物下方的生長，細節至今尚未明朗；然而最近的實驗暗示了，缺少來自頂部的生長素，更下方的根部會產生一種物質運送到下方的芽，透過生長素、細胞分裂素和激勃素的作用，促進芽的生長。

🔍 觀察

試試另一個實驗。豆苗或菸草株下方較老的葉子隨著時間而老化，開始轉成淡綠及黃色，看看摘心對這些葉子的老化有什麼影響。用修正液在發黃的老葉上畫一點做標記。看看植株上方年輕的葉和芽被摘除之後，下面每片老化中的葉子有什麼變化。移除這個頂部區域，不只能促進側芽生長，也會讓附近老化中的葉子變得年輕化。

如果每次都在秋葵的果莢變成堅硬木質之前採收，秋葵就會繼續開花，直到降霜；但如果把一株秋葵的果莢放到硬化，整株植物不久就不再開花，開始落葉。

科學家研究了移除特定部位之後，整株植物有什麼反應，以拼湊出植物和荷爾蒙如何整合所有植物部位的發育。就像植物生命中的其他決策一樣，不同荷爾蒙的交互作用決定了植物細胞的命運（下一頁圖2.19）。我們觀察植物對不同實驗處理的反應，就能提出假設，然後進一步用新的實驗來檢驗。

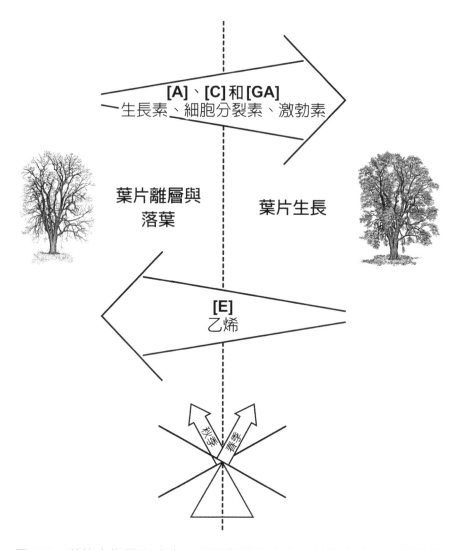

圖2.19：葉片中生長素（A）、細胞分裂素（C）、激勃素（GA）和乙烯
（E），這些荷爾蒙的相對濃度起起伏伏，協調著葉片的生長、最後的老
化，以及離層。每年秋天，荷爾蒙的濃度平衡決定了葉子的命運。

Chapter 3

地下的世界：鱗莖、塊根、塊莖與根

The Underground World:
Bulbs, Tubers, and Roots

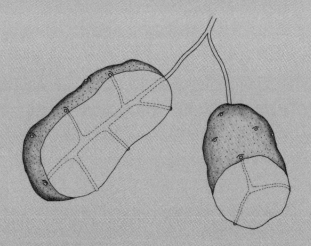

圖3.1：老鼠、蟾蜍和鼠婦在涼快的地下空洞相遇。蚯蚓鑽過附近的土壤，挖出通道給無數的根和共享土壤世界的其他生物。彎彎曲曲的長蜈蚣在蚯蚓留下的地道裡獵食，而腹節翹起的隱翅蟲（右上）在土表梭巡昆蟲。右上角還有食蟲虻的幼蟲在土中獵食土壤昆蟲。不同金龜子的幼蟲和蟬的幼蟲以茂盛的根為食。一種叩頭蟲的兩隻幼蟲正在嚼食胡蘿蔔。

植物的根（前身是下胚軸）往土壤中伸出無數的分枝，尋找水和養分。根會把一些物質釋放到周圍的土壤，將會吸引並滋養無數與根有關的土壤微生物，這些微生物也會幫忙將許多土壤養分變成植物能吸收的形式。水和養分向上輸送，滋養植物的地上部，但還有一部分土壤養分和地上部產生的養分，儲藏在地下的根、鱗莖、塊根和塊莖中。這些植物的地下形態，代表著花園裡可食用收成中看不見的那部分。

馬鈴薯、胡蘿蔔、蕪菁、蕪菁甘藍、洋蔥和大蒜，會把大部分太陽的能量拿去形成根、鱗莖、塊根或塊莖，而我們會吃這些地下部，得到它們儲存的能量和養分。有的花園作物長出塊根或塊莖，有的長出鱗莖，有的長出的是根，取決於植物把大部分的能量儲存在哪個部位，以及芽在哪裡（開始形成新生植物時，這些儲存的能量就會運送到芽）。塊莖與鱗莖雖然都在地下，卻不是真正的根。鱗莖是短化的莖，周圍長著地下的葉片，而塊莖是地下莖，偽裝成根，在適當的環境下也能萌發真正的根。

根的生長速度驚人

根的生長速度超乎想像。有位科學家曾經打算看看一株裸麥的根可以長多快、多遠。在種下裸麥種子的四個月後，科學家洗去根上所有的土，開始計算根的數量和每條根的長度，工程浩大。他發現，在這段相對很短的時間中，這棵裸麥苗長出1500萬條根，總長612公里。然而，如果把根上無數的細小根毛（p.38圖1.7）也納入計算，根的長度會增加到11,265公里。

萌芽的裸麥種子

24小時

48小時
10 mm

72小時

圖3.2：兩粒裸麥種子在兩天到三天之間（24小時至72小時）迅速長出根和根毛。

🔍 觀察

我們可以計算裸麥種子最初的根在直徑10公分的培養皿裡生長的速度。在培養皿裡放進濕潤的濾紙，中央放上一粒種子，種子生長的目的地是培養皿的邊緣。一天之內，種子就會萌發最初的根，開始它們的旅程（圖3.2）。哪粒裸麥種子的根長得最快、最直，最早達到目的地？

💬 假設

由於根藏在黑暗狹小的空間裡，我們對根的地下生命所知太少。現在有些科學家已經有證據可證明植物能區分同種植物的根和其他植物的根，而且如果分辨出其他植物的根，就會主動抑制它們生長。拿三個直徑10公分的培養皿，各放上一張濕潤的濾紙。在其中兩個培養皿中央各放上一粒裸麥種子，另一個培養皿中央放上三粒裸麥種子。在單粒裸麥種子的一個培養皿裡，加上兩粒草地早熟禾；另一個單粒裸麥種子的培養皿裡，加上兩粒大

麥種子。不同種植物的根會彼此接觸嗎？另一種植物及同種的另一株植物，對植物根部的生長各有什麼影響？

莖和根形成新植株的能力 —— **不需要種子的繁殖方式**

鱗莖、塊根、塊莖和根被通稱爲「根莖類蔬菜」，但其實只有胡蘿蔔、歐防風、甜菜、蕪菁、蕪菁甘藍和蘿蔔是眞正的根。不過，所有根莖類蔬菜都是植物的地下器官，專門儲藏光合作用產生的剩餘糖分。馬鈴薯和甘薯多餘的糖分主要儲存成澱粉，澱粉是許多個糖串成的鏈（聚合物）。只要全株植物需要能量，就能利用這些地下的庫藏，把澱粉長鏈分解成比較小的醣類單元，運送到需要能量的芽。眞正的根類蔬菜（以及大蒜、洋蔥和韭蔥這些石蒜科植物的鱗莖）在夏末儲存的澱粉不多，主要是糖。

根、鱗莖、塊根和塊莖大多是二年生或多年生植物的器官，它們不只在第一年冬天把糖儲存在根裡，之後的冬天也是。每個生長季末儲存到地下的糖和澱粉，都會在隔年提供地上部生長、開花所需的能量。

秋天裡，植物的韌皮部管道會運送澱粉和糖到地下部以儲存過冬。早春裡，植物的芽持續萌發成葉和花時，這些存在根部、鱗莖、塊根和塊莖薄壁組織（parenchyma，par＝旁邊；enchyma＝插入）細胞的能量，就會透過維管束運輸系統，運送到地上給需要能量的芽。

植物維管系統裡，木質細胞和韌皮細胞之間的工作區分通常很明確。長形中空的木質細胞，負責輸導來自土壤的水分和礦

質養分。而韌皮部管道輸導來自光合作用進行之處的糖。但春天裡，木質細胞也會輸送糖。你知道每年春天從糖楓採收的樹液吧。這種甜美的汁液是從樹根經過糖楓的木質管道往上送。同樣的，夏末和秋天裡，韌皮細胞也能輸送亟需的水分和養分，以供果實和種子發育。植物的維管束運輸系統收到特殊要求的時候，木質管道和韌皮部管道之間會透過特殊細胞，交換運送物。這種特殊的搬運細胞（transfer cell）連接了這兩種管道。

🔍 觀察

　　植物細胞中的澱粉一向是用I-KI（含有碘〔I〕和碘化鉀〔KI〕）這種特殊溶液來染色。這種溶液稱為「魯格氏溶液」（Lugol's solution），在藥局就可以買到。用銳利的刀子或刮鬍刀片，切下植物組織的薄片，在剛切下來的組織上滴足夠的I-KI溶液，覆蓋住你想檢視的區域。區域中所有的澱粉會染成褐色或藍黑色，看起來會像個別細胞中離散的顆粒（圖3.3）。將這些植物組織切片用自來水沖一沖，再放在顯微鏡的玻片上，就可以仔細檢視個別的細胞。在染色的組織切片上蓋薄薄的蓋玻片，把植物組織固定在兩層玻璃之間，這樣的觀察效果最好。

　　其中所有的澱粉顆粒都儲藏在專門存放澱粉的葉綠體──澱粉體（amyloplasts，amylo＝澱粉；plast＝形體）。植物其他部位需要糖的時候，這些澱粉體就會把其中的澱粉顆粒變回糖，以便運送到發育中的芽和分生組織，也就是最需要糖的地方。

　　不同的根、鱗莖、塊根和塊莖用I-KI染色之後，顏色濃淡有什麼不同？哪種蔬菜含有最多澱粉？哪種最甜？

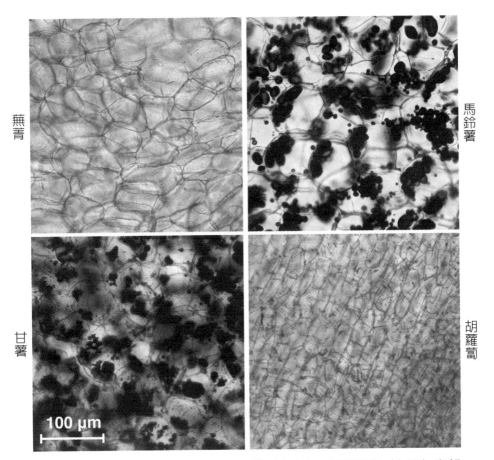

圖3.3：蕪菁根部（左上）、馬鈴薯塊莖（右上）、甘薯塊根（左下）和胡蘿蔔根（右下）薄層切片的澱粉染色結果。這些植物的薄壁細胞已特化，專門儲藏澱粉和糖。

　　有些根、鱗莖、塊根和塊莖在經過儲藏後更有風味，有些的風味卻會變差。種子開始發芽，根、鱗莖、塊根和塊莖開始萌芽時，會動員細胞中儲存的養分庫藏，為它們的新一波生長提供能

量。想要維持地下蔬菜的最佳風味（甚至增進風味），怎樣的環境最理想？味道的變化是否反映了儲藏時澱粉和糖的平衡隨著時間變化，使得細胞中的澱粉顆粒和澱粉體增減？

數百年來，許多園丁在漫長的冬天裡，會把收成的根、鱗莖、塊根和塊莖，儲藏在黑暗且隔熱良好的根莖類地窖。農人和園丁靠著多年的經驗，發現儲藏各類蔬菜的最佳條件。根類蔬菜（胡蘿蔔、歐防風、甜菜、蕪菁、蕪菁甘藍）上面只留下大約2.5公分或1.3公分的莖，就能讓葉部蒸散的水分減到最少，讓根類蔬菜在儲存時能保持清脆的口感。根最適合存放在寒冷但不低於冰點的溫度（攝氏1度到4度）。雖然這些蔬菜最佳的儲存溫度是攝氏1度，但馬鈴薯的存放溫度如果低於攝氏3度，它就會喪失風味。甘薯最適合儲藏在攝氏12度到16度，洋蔥則是攝氏4度到10度。

不過，馬鈴薯和洋蔥不要存放在一起；馬鈴薯會吸收洋蔥的氣味，而洋蔥會吸進馬鈴薯的濕氣而壞掉。把成熟的蘋果和馬鈴薯、甘薯一起放進儲藏間，會抑制馬鈴薯與甘薯萌芽。

成熟水果會散發哪種荷爾蒙，影響塊根、塊莖萌發呢？請看圖4.15（p.123）。但如果附近有胡蘿蔔，成熟蘋果散發的這種荷爾蒙就會促使胡蘿蔔合成一種化合物，使胡蘿蔔嚐起來有苦味。從前，一代代園丁的實驗和經驗，確立了漫長冬季中儲藏地下作物、維持最佳風味的理想環境條件。

💬 假設

真正的根類蔬菜（胡蘿蔔、甜菜、歐防風、蕪菁、蕪菁甘

藍）都是從種子開始栽培。馬鈴薯、甘薯、大蒜和洋蔥也有種子，但很少人從種子開始種植這些塊根、塊莖和鱗莖。首先，這四種植物從種子開始種，需要的時間遠超過從莖、迷你塊根或塊莖、迷你鱗莖開始種植。大蒜和洋蔥通常從蒜瓣和迷你鱗莖開始種植，而馬鈴薯和甘薯則從迷你塊莖、塊根或綠色的嫩莖開始。大蒜、洋蔥、馬鈴薯和甘薯的新生植物，都是從鱗莖、塊根、塊莖上的芽開始萌發（通常數量眾多）。雖然所有真正的根類蔬菜從種子萌芽的速度遠快於從芽萌發，卻只有一個頂芽，也就是新生植物要萌發的部位。

馬鈴薯的塊莖是膨大的莖，生長於地下；這些地下的莖和地上的莖一樣，表面散布著許多芽。如果曝露在光照下，馬鈴薯塊莖就會像地上的莖一樣變綠。每個馬鈴薯塊莖都有呼吸孔，稱為皮孔（lenticel）——和地上莖的呼吸孔一樣。馬鈴薯塊莖具有上述這些特徵，是存在於地下的莖，而且會儲藏無數的澱粉顆粒。

把一顆馬鈴薯縱向切開，另一顆橫向切開（下一頁圖3.4）。在澱粉質的白色背景中，可以看到核心比較透明的組織，沿著馬鈴薯的縱軸延伸。這是地下莖的中央部分，也就是維管系統。這個中央管道向馬鈴薯的每個芽，伸出維管束輸導組織的一個分枝，就像地上植物的每個芽都和植物主莖的輸導管道相連。

我們食用的洋蔥、大蒜和韭蔥部位，既不是塊根、塊莖，也不是根，而是這些植物富含營養的部位，也就是鱗莖（p.85圖3.5）。洋蔥鱗莖大部分是由特殊的無色葉片組成，這些葉片稱為「鱗葉」，按圓形排列在中央的莖和頂芽周圍。它是被保護性鱗葉包圍的地下芽。至於大蒜的鱗莖，中央的莖盤會冒出幾枚側芽

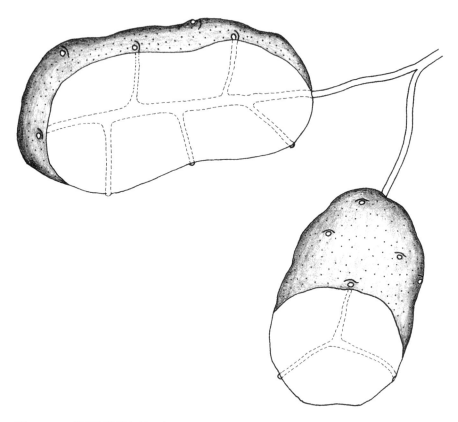

圖3.4：一塊馬鈴薯塊莖的縱切面和橫切面，可以看出原本是帶著芽的莖。

（蒜瓣）。洋蔥或韭蔥鱗莖中央芽的周圍，包著一圈圈鱗葉；這些鱗葉和其他植物的葉片一樣，以同心圓的方式圍著一個碟狀的莖。每個小莖的基部都會萌發一撮根。不過，大蒜是一個母鱗莖產生幾個子鱗莖，每個子鱗莖稱為一個蒜瓣；而每個子鱗莖可以從基部萌發一條莖，之後再長出下一代子鱗莖。

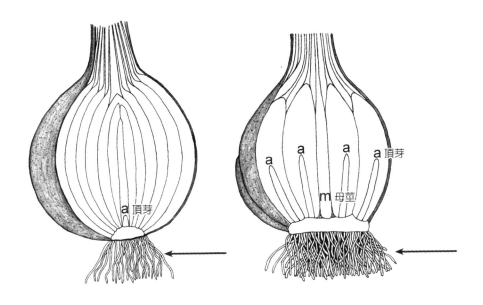

洋蔥的鱗莖　　　　大蒜的鱗莖

圖3.5：
左：把洋蔥鱗莖對剖，可以看到缺乏葉綠素的葉（鱗葉），按同心圓圍著中央短小的莖盤來排列，莖盤具有頂芽（a）和鬚根（箭頭處）。
右：大蒜的鱗莖是蒜瓣聚合而成，這些蒜瓣都是最初中央的母莖（m）產生的側鱗莖。每個子鱗莖都有自己的莖盤，具有頂芽（a）和鬚根（箭頭處）。

　　根、鱗莖、塊根和塊莖有種特殊的能力，不用任何種子就能長出一整株新植物。每個根、鱗莖、塊根和塊莖的特定部位是由幹細胞構成，而幹細胞是分化全能（totipotent，toti＝全；potent＝強大），也就是雖然一開始只是植物的地下部，卻有能力形成

一株新植物的所有部位（包括地上部和地下部）。塊根、塊莖、根和鱗莖分化全能的細胞配置有什麼不同？最小能產生新植物的一份塊根、塊莖、鱗莖或根又是怎樣？

從根的管道運送水和養分

植物的活根部細胞和所有活細胞一樣，含有濃度相對較高的多種化學物質，包括簡單的礦物養分、維生素、糖、蛋白質和核酸，這些都溶在相對較少量的水中。根細胞從土壤裡吸收養分時，根細胞的膜會消耗能量，以把細胞外的礦質養分抽到細胞內。一旁土壤裡的礦質養分濃度較低，溶在相對較大量的水中。與根部細胞相比，土壤中的水濃度高，因此水靠著滲透作用（osmosis，osmos＝推）透過根的細胞膜，流進水濃度較低的細胞中。（圖3.6）。

雖然活的根細胞允許水自由通過，但細胞膜會選擇性阻擋其他化學物質外移。於是植物細胞吸水膨脹，直到水壓（膨壓，turgor pressur，turgo＝膨脹）把水擠向鄰近的細胞。植物細胞正常的膨壓，會使植物組織又脆又硬，撐開細胞壁，幫助細胞增大。如果組織中的細胞失去膨壓（水不再向細胞壁施加壓力），會使組織鬆垮、萎靡、皺縮。當萎靡的植物細胞被再次放進水中，水會靠著滲透作用進入缺水的細胞，並把每個細胞撐大到與旁邊細胞的細胞壁緊貼在一起。

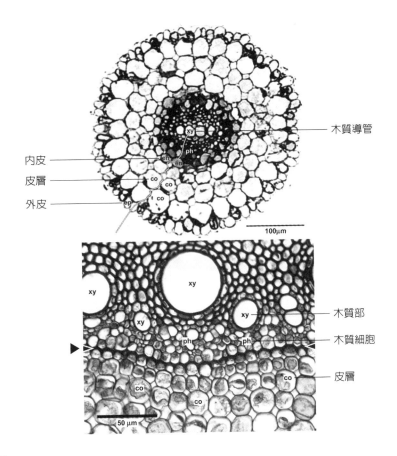

図3.6：

上：蘿蔔苗根部的橫切面，顯示了水從土壤中滲透到根中央運送水的木質導管（xy）之前，必須通過的細胞風貌。水可能循著無數的路徑進入，彎彎曲曲的長箭頭標示的是其中一條。有些水也會透過連接細胞的微管道，從一個細胞進入另一個細胞。水藉著滲透作用，穿過最外層表皮的細胞（ep），流過皮層（co）細胞之外和之間，直到達到內皮（endodermis，endo＝內；dermis＝皮）那圈細胞。

下：內皮層（三角箭頭處）的細胞壁厚而具有蠟質，是阻擋水和礦物質流過細胞周圍和細胞之間的屏障。內皮是植物維管系統的守門員，物質運輸需要經過內皮，無法繞行。來自土壤的水分先在皮層（co）細胞外和細胞之間流過，來到這層細胞時，再度靠著滲透作用穿過內皮細胞，然後特別的膜蛋白選擇性地運送或排除特定礦質養分。水通過內皮之後，流過木質細胞（ph），進入根中央木質部（xy）中空而多孔的輸導細胞。

　　水從地下土壤中水濃度高的地方「推向」地上水濃度低的葉子，這種推力稱爲「根壓」（root pressure），這可以用一顆剝皮的馬鈴薯塊莖來展示。把馬鈴薯塊莖的中心挖個凹洞，放進純水中；在洞裡倒進一些糖漿，出口緊緊塞上單孔塞；接著在塞子中央插進細玻璃管（圖3.7）。

　　馬鈴薯要剝皮，以免最外層細胞妨礙水流進塊莖。玻璃管代表傳送水的木質導管，而燒杯中的馬鈴薯代表包圍在土壤水中的植物根部。燒杯中的水濃度高，使得水逐漸藉著滲透作用，進入馬鈴薯塊莖那些水濃度低的周圍細胞，然後向塊莖中心水分濃度更低的地方移動。

　　馬鈴薯中心用玉米糖漿取代，來模擬根部中心韌皮部和木質部維管束輸導細胞中，高濃度的糖和礦物質。塊莖中央的水少、「糖漿」多，水的濃度被糖漿裡高濃度的糖和礦物質沖淡了。水的「推力」反映在玻璃管內升高的液體柱。水推上玻璃管的速度多快？玻璃管內的水什麼時候停止上升？玻璃管內升高的水柱壓力會把水推出馬鈴薯，最後，把水推出馬鈴薯的速度會和水進入馬鈴薯的速度達成平衡。

觀察

　　在微涼潮濕夜晚過後的早晨，可以看到植物根部滲透壓累積的情形 —— 葉緣出現微小的水珠。潮濕的夜晚在天黑之後，根壓（滲透壓）會不斷累積，最後植物汁液以液態被擠到植物表面，不像白天葉子表面蒸散作用（transpiration，trans ＝越過；spiro ＝

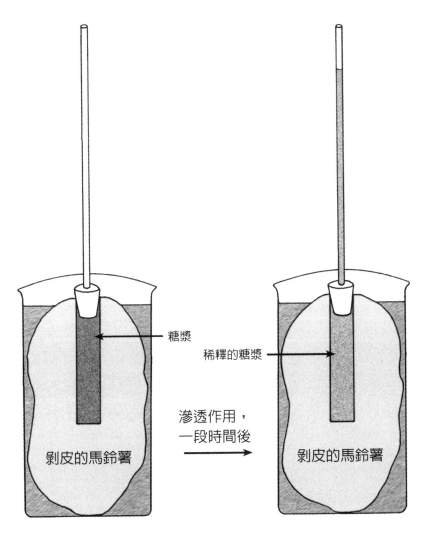

圖3.7：易於組裝的馬鈴薯模型，展示了滲透作用如何驅使水從土壤穿過根細胞，經過木質導管向上送到地上部的葉。

糖漿

稀釋的糖漿

滲透作用，
一段時間後

剝皮的馬鈴薯

剝皮的馬鈴薯

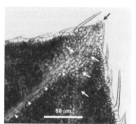
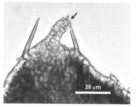

圖3.8：
左：潮濕涼快的夏天早晨，植株從葉尖的泌水器排出木質液（圖片來源：Pexels 授權）。
右：泌水器（黑箭頭處）是葉脈末端（箭頭處）特化排列的細胞，汁液透過泌水器從葉脈排到葉子表面。白箭頭標示出葉子的一些氣孔。

呼吸）或蒸發作用是以蒸氣形態離開葉子（見第六章）。這種汁液中不只有水，還有根從土裡吸收的各種礦物質和化學物質（甚至還有殺蟲劑）。晚上葉子的氣孔（stomata）關閉；這些孔洞裡的蒸散作用和水蒸氣的蒸發作用暫時停止。水分不再從葉子上的無數氣孔裡蒸發出去，因此不再把木質導管中的水往上抽。夜裡，把汁液往上推的是下方的根壓——而不是上方的蒸發作用。

汁液呈小水珠狀，從葉緣特定的點滲出，時常被誤認爲是晨露（圖3.8）。裸麥等禾本科草苗的葉片上，汁液會在每片葉子的葉尖形成珍珠般的小水珠。而晨露則不相同，是從周圍空氣中凝

結在冰涼葉片，均勻散布在葉子表面。露珠是純水，不像葉片因為根壓而排出的木質部汁液中含有礦物質或化學物質。

這些植物展現的是泌液作用（guttation，gutta＝滴）。在這類環境狀況下，根壓會把水擠出某些植物葉緣的特殊腺體。這種腺體稱為泌水器（hydathode，hydat＝水的；hod＝路），作用是木質液的洩壓閥。泌液作用最明顯的園藝植物有草莓、葡萄、番茄、禾本科植物和玫瑰等。它們在寒涼潮濕的早晨表現出泌液現象，從小水珠的排列可以看出泌水器在葉片上的位置。

💬 假設

仔細觀察泌液作用的過程，有助於更加了解植物如何在維管系統的木質導管中運送水和養分。草莓株是泌液作用的最佳範例；不過裸麥苗和番茄株也是很好的實驗對象，它們在某些夏夜很容易發生泌液作用。

怎樣的環境條件能促進泌液作用？你不用等待室外發生恰當的環境條件，而是假設一系列的土壤和空氣條件會誘發（或無法誘發）番茄、草莓或裸麥葉的泌液作用，然後創造這樣的環境讓盆栽曝露於其中。泌液作用反映木質導管受到的根壓，因此隨著根壓升高，葉部的泌液作用應該會增強。提高根壓的環境條件應該也會加強泌液作用。

（一）提高一株植物的礦質養分濃度 —— 在一個盆栽中加入一茶匙肥料，另一盆中不加。把兩盆植物擺在戶外，每天早上觀察，直到裸麥苗的葉尖，或是番茄和草莓葉的葉緣出現小水珠。怎樣的溫度條件會促進泌液作用？

（二）增加一盆植物的土壤濕度，另一盆則不要澆水。把這兩盆植物留在戶外，直到一天早上葉緣出現小水珠。這次誘發泌液作用的特殊條件是什麼？

（三）兩株番茄、草莓或裸麥苗，在暖和的陽光下度過炎熱的一天之後，把一盆植物留在戶外，另一盆放到有冷氣的房間裡。如果室外溫度降了超過攝氏 5.5 度，會發生什麼事？冷氣房的濕度對泌液作用的過程有什麼影響？

（四）你是否觀察到較小、較年輕的葉片，和較大、較老的葉片，兩者的泌液作用，有什麼差別？

🔍 觀察

土壤中的養分和水，會經由特定管道送到葉、花、果實中的目的地。這些管道是由一長串中空的厚壁細胞，像管線的管子一樣首尾相連，從根尖延伸到葉尖。這些長圓柱形的木質細胞，失去了末端的細胞壁和所有細胞內容物，只剩下堅固的側壁，成為中空的管道，專門把汁液從根部輸導到植物的地上部。只要把芹菜莖的基部放進添加鮮豔食用色素的營養液中，就能追蹤養分和水從土壤送到植物高處的通道。在染色溶液送到芹菜莖頂部的葉片之後，再切斷芹菜莖，看看顏色集中在哪裡。那些地方就是把養分和水從土壤引導到地上的葉、莖、花的「管線」。

不同的蔬菜根部有自己獨特的木質管線。木質管道把水和養分從土壤輸導到植物的所有部位，如果用食用色素突顯木質管道，就能看到各種植物根部的這些管道都有自己獨特的配置。把胡蘿蔔、蘿蔔或蕪菁收尖的根尖，和金甜菜的根放在藍色染料溶

金甜菜　　　　　　　　　　　蕪菁

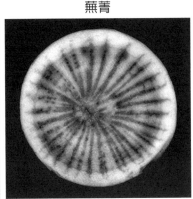

圖3.9：
深色的食用色素沿著金甜菜根部同心圓排列的水分輸送管道（左）。
染料沿著蕪菁根部中央的木質水分輸送管道運送（右），就像圖2.5（p.52）
胡蘿蔔根的情形。

液裡。幾個小時之後，沖掉根表面的染料，然後用鋒利的刀把每條根橫切、縱切。根吸收染料後顯示的染色情形，能讓我們知道木質管線的排列（圖3.9）。

　　蘿蔔和蕪菁是同一科的成員（十字花科，又稱蕓薹科），所以它們的水分輸送管道應該非常相似。將蕪菁或蘿蔔的根尖在染劑裡靜置幾個小時之後，染料會沿著水和礦質養分從土壤運送到蕪菁和蘿蔔株各處的路徑移動。

　　蔬菜根部的形成層細胞會向內和向外分裂，不只在形成層產生更多像自己一樣的未特化幹細胞，也朝根的外層產生特化的韌皮細胞、朝根的中央產生另一類特化的木質細胞，以便從土壤輸送水分和礦質養分。每個蕪菁、蘿蔔和胡蘿蔔的根，都有一圈這

種形成層幹細胞（p.52圖2.5）。

　　甜菜（屬於藜科）的根，作法不同。甜菜和同科的莙蓬菜（Swiss chard）不只是所含的色素和其他大部分蔬菜不同，輸導水分和養分的根部管道配置也不同。從甜菜根的同心圓可以看出甜菜的年齡，就像從年輪看得出樹齡。甜菜根的同心圓每週都會增加，代表著交替的細胞生長環。根愈老、尺寸愈大，細胞的圈數就愈多。以甜菜根來說，形成層的幹細胞是多層同心圓，間隔著專門輸送養分的細胞（木質和韌皮細胞），以及專門儲存養分的薄壁細胞。每一圈裡的幹細胞朝根周圍分裂形成特化的韌皮細胞，從上方葉子輸導糖分；幹細胞也朝根的中心分裂形成特化的木質細胞，從土壤運送水分和養分。

觀察

　　把水和養分往上送的運輸管道，是由已死亡的中空細胞的細胞壁所形成管線（圖3.10）。木質細胞的長形空管，沿著根和莖首尾相接，形成平行的束狀，不只上下相連，水平方向也有側面的小孔（壁孔）連結，如果一個管道因為空氣或真菌入侵而阻塞，水分運輸就能轉移到其他管道。

　　溫暖夏日裡，植物汁液經過木質導管向上運送；溫暖春日裡，落葉植物的新葉冒出來之前，汁液也會從根部送往分枝尖端。汁液向上移動的情形，在這兩種情況裡有什麼不同？早春時，沒有葉子可以從無數的氣孔排除水分。而在夏天，葉表蒸發水分時，木質管道中會有更多水分被往上拉。中空木質管道從根尖延伸到葉尖，其中的水分被拉上全株植物的高度（第六章將進

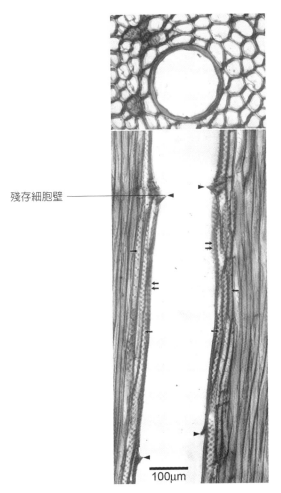

横切面

縱切面

殘存細胞壁

100μm

圖3.10：

上：櫟樹樹幹的橫切面，中央是大而中空的木質導管，在比較小而中空的
管胞細胞之間十分顯眼。

下：從樹幹縱切面側著看，大形的中空導管和比較小的中空管胞細胞首尾
相連，並肩排列成平行的管線，引導從根和莖向上的水流。管線中的導管
細胞之間曾有細胞壁分隔，現在已剩下分解後的殘存細胞壁（三角箭頭
處），形成長而不間斷的垂直管道。導管細胞周圍比較細瘦的輸導細胞稱
為「管胞」，兩端尖細。管胞細胞靠著兩端和側壁上的許多壁孔（單箭頭）
互相連接。導管細胞的壁孔（雙箭頭處）位在側壁。蕨類和針葉樹（例如
松和雲杉）的木質組織沒有導管，唯一的木質輸導細胞是管胞。

一步探討水分的這種大規模移動，和葉部的蒸散作用）。蒸發作用帶走木質管道頂端的水分，把水往上拉，就像用吸管喝水，在吸管頂部吸水會把水拉上整條吸管。

　　葉面無數的氣孔隨著蒸散作用而開合。生長季中，隨著水從葉子表面透過氣孔蒸發，木質導管中含有水和土壤養分的汁液會從根部往上拉。此外，在生長季，葉部光合作用產生的糖，是由韌皮細胞運送到植物其他部位。秋天裡，這些糖分往下運送，以澱粉的形式儲存在根裡。等到春天，儲存在地下的澱粉會轉化為糖，植物莖部的運輸管道就必須把糖往上送；一年之中，樹木的木質導管只有在這個時候，才會往上輸送糖分和汁液。每年春天，我們汲取槭樹木質導管裡的汁液，製造楓糖漿。

　　在寒冷夜晚之後的溫暖白天，槭樹的汁液會豐沛地流動。不過，並非每種植物在春天都有豐沛的汁液可以取用。其他樹木（例如柳樹、榆樹、樺樹和櫟樹）的汁液，在早春溫暖的日子並不會流動。科學家假定，我們能取用槭樹而非其他樹木的汁液，是因為槭樹的木質管道結構不同。槭樹的木質導管充滿了汁液，天黑後汁液會冷卻；這時導管中的氣體（例如二氧化碳）溶進冷卻的汁液裡；汁液承受的氣體壓力降低，而汁液裡的糖和氣體的濃度上升，促使滲透作用將水從周圍的細胞吸走，影響直達根尖。隨著夜晚溫度持續滑落，導管內的水結冰，溶在水中的氣體進一步壓縮。直到隔天早上，陽光溫暖了導管，汁液解凍，氣體才從汁液中釋放，提高木質管道中的壓力，再度把汁液往上送。

　　春天裡，在槭樹長葉子之前，冰凍、解凍的循環是驅使樹液流動的關鍵。在早春葉芽綻放、葉片開展之前，修剪不同樹木的

分枝末端，包括一棵槭樹的分枝。觀察修剪過的分枝末端何時滴下汁液。葉片開展之後，修剪同樣那幾種樹的分枝末端，看看汁液會不會流動。若是高於冰點溫度的夜晚之後接著溫暖的白天，並不會促使槭樹中的汁液流動。槭樹的根壓顯然不足以把汁液從切斷的分枝推出來，但只靠根壓，能不能維持其他植物的汁液流動？

　　樺樹或野葡萄或栽培種葡萄在這個季節修枝過之後，會發生什麼事？根細胞的滲透壓高，會促使早春的葡萄藤與樺樹分枝裡的汁液流動，就像根壓也會在夏夜引發泌液作用。葡萄藤或樺樹分枝斷面的汁液流動，可能既大量又穩定，讓人可以在兩、三分鐘內就裝滿一杯。這種澄清的汁液經過根細胞過濾，含有蔗糖而帶著微甜，而且有些物質會增添風味：（一）礦質養分，例如鉀、鈣、鎂、鈉和錳；（二）簡單的有機酸，例如蘋果酸、檸檬酸和琥珀酸（succinic acid）；以及（三）各種胺基酸。野葡萄藤在許多森林和荒廢的田野，可能肆意生長；取用它們春季的汁液，可以做成清涼、新奇又營養的飲料。

Chapter *4*

從花到果實、
種子的旅程

The Journey from Flower to
Fruit and Seed

圖4.1：在瓜類的花和莖之間，老鼠、蟾蜍和授粉者、肉食性昆蟲、昆蟲害蟲與雜草混處一方。色彩繽紛的南瓜藤透翅蛾（右中）和兩隻蜜蜂（左中與左上）是授粉者。不過，透翅蛾幼蟲一路啃食瓜類的莖，爬過之處時常留下枯萎的莖葉。

螳螂（右上）和狼蛛（螳螂正下方）是偷偷摸摸（且時常出手迅速）的掠食者，喜歡帶著金屬綠的長足虻（左下，在瓜果上）。螳螂右邊一隻迷你的蟎，已經在土裡待了好幾個星期，扮演植物枯枝落葉回收者的角色，剛從花園的土裡鑽出來（牠有無數的土壤真菌幫手；左下角正是一例）。

空中的蟎右下方兩株高高的雜草，是刺金午時花──這種雜草和棉花、秋葵是同科的植物。

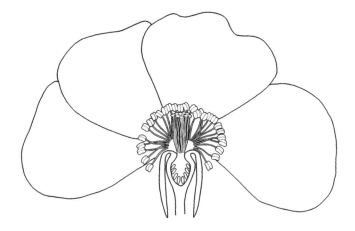

圖4.2：簡單的花芽（左）裡含有未來花朵的所有構造。玫瑰花的雄蕊含有雄配子體，雌蕊則含有雌配子體。雄配子體產生的精細胞和雌配子體產生的卵細胞結合，形成未來植物的第一個細胞。

　　一棵植物在一季裡才開滿花，到了下一季花就神奇地變成了果。一枚簡單的花芽，含有未來花朵的所有基本構造（圖4.2），一粒簡單的種子含有整株植物的所有基本構造（p.29圖1.2），仔細觀察花朵，也會發現未來果實的所有基本構造（p.110圖4.7）。多汁的番茄、清脆的瓜類和甜美的豌豆莢，都在花朵雄蕊的雄花粉粒和雌蕊結合時，就開始發育了；這個結合的過程稱為「受粉」。

　　意識到花朵這些雌雄構造一開始的起源和最終的命運，讓我們更了解花朵受粉和受精的過程中究竟發生了什麼事——這正是使植物能形成果實、種子，產生新一代植物的神奇過程。

　　當一粒花粉粒（也就是未成熟的雄配子體）遇見雌蕊（花朵

中含有雌配子體的部分），花到果實的旅程就此展開。後兩頁的圖4.3和圖4.4能幫你追蹤這個漫長旅程的早期階段。為了替旅程做好準備，花朵雄性部分（雄蕊，stamen）的每粒花粉，都必須從一個小孢子（microspore）變成一個雄配子體（圖4.3上）；花朵雌性部位（雌蕊）裡的大孢子必須變成雌配子體（圖4.3下）。授粉需要花粉粒（小孢子）先到達花的雌蕊頂端有黏性的部分，然後分裂形成雄配子體，開始生長，最後到達雌蕊底部，雌配子體就在那裡的一個腔室（胚珠，ovule）中（下一頁圖4.4）。

　　花朵的每個胚珠都注定成為一粒種子，而外部的珠被（integument）則注定成為種皮。這個胚珠中的雌配子體，含有七個細胞和八個細胞核；一般來說，細胞核這種胞器在每個細胞都有一個，其中含有遺傳資訊。然而，雌配子體中最大的細胞──極細胞（central cell）有兩個核，稱為「極核」（polar nuclei）。受粉之後，雌配子體的這些細胞會和雄配子體的細胞結合，形成種子的胚和含有養分的胚乳。胚與胚乳都被包在種皮裡。

　　一粒花粉黏到雌蕊的黏稠表面之後，就會萌發花粉管，從雌蕊頂部一直長到基部，並與一枚胚珠融合（圖4.4）。每個幼嫩的花粉粒（小孢子）裡，最初的那個細胞會不對稱分裂，形成一個較小的生殖細胞和一個較大的花粉管細胞。較大的花粉管細胞這時會吞下較小的那個生殖細胞，較小的生殖細胞再分裂成兩個更小的精細胞。較大的花粉管細胞接著會替這兩個精細胞，開拓通往胚珠的花粉之路。花粉管細胞的工作結束之後，兩個精細胞的工作就將開始。

　　每個花粉管都有三個細胞：花粉管細胞包著兩個精細胞，把

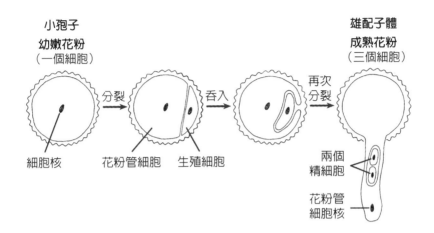

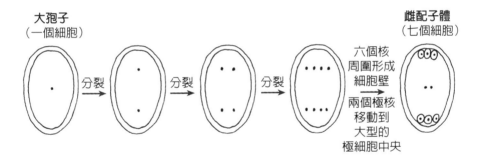

圖 4.3：

上：花朵中從小孢子到雄配子體的旅程。花粉粒的生命始於一個細胞（小孢子），終至三個細胞，合稱為「雄配子體」。圖中的細胞核用黑點表示。

下：花朵中從大孢子到雌配子體的旅程。雌蕊基部的每個胚珠裡都有大孢子，剛開始是一個細胞，最後變成七個細胞，合稱為「雌配子體」。

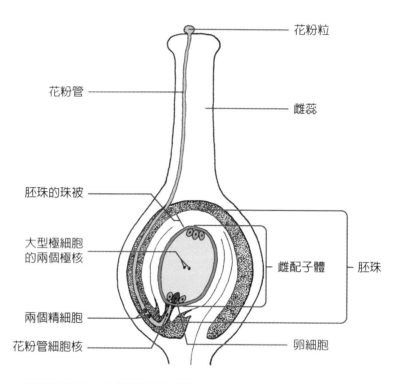

花粉粒

花粉管

雌蕊

胚珠的珠被

大型極細胞
的兩個極核

雌配子體

胚珠

兩個精細胞

花粉管細胞核

卵細胞

圖4.4：受粉發生於一枚花粉粒落到雌蕊的表面，而受精發生於雌配子體遇見雄配子體的兩個精細胞。

精細胞送到胚珠。其中一個精細胞和卵細胞融合，形成一個新的胚；另一個精細胞和胚珠大型極細胞的兩個極核融合，形成被子植物種子中都有的營養組織，也就是胚乳（endosperm，endo＝內；sperm＝種子）。胚乳不只為植物在胚的階段提供養分，也為發芽中種子生長最初的艱難日子提供養分。

　　每個胚珠和花粉管中的兩個精細胞結合之後，才會形成種

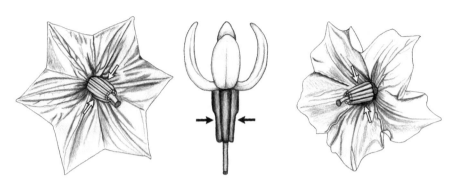

圖4.5：一些花朵的花粉藏在管狀的雄蕊（箭頭處），必須靠著來訪的蜜蜂嗡嗡振動才能鬆脫。這些花的雄蕊都包圍著中央的雌蕊。一些杜鵑花科植物（例如蔓越莓，中），和茄科植物（例如茄子，左；馬鈴薯，右），要確保花粉能鬆脫、傳播，振動授粉或許是唯一的方式，至少是最有效率的方式。

子。豆類、花生和蘋果種子裡，胚在種子發芽之前就會用光所有胚乳（p.29圖1.2、p.31圖1.3）；但其他種子（例如辣椒、裸麥和番茄種子，p.32圖1.4）在發芽時還留有足夠的胚乳，可繼續為新生的幼苗提供養分。

　　那些到達花朵雌蕊黏稠表面的花粉，可能是由風傳播（例如玉米、小麥或裸麥），但大多是由會飛的昆蟲、蜂鳥或蝙蝠傳播。不過，受粉不只是被動從雄蕊傳送到雌蕊的過程，還需要更多策略。有些花朵（例如番茄、茄子、馬鈴薯、藍莓和蔓越莓），把花粉藏在管狀的雄蕊中，才能緊緊抓著花粉粒，不會被風和昆蟲帶走（圖4.5）。這些花粉必須從雄蕊上用力搖下，才可能到達雌蕊開始授粉，而最理想的一個方式是蜜蜂的嗡嗡振動。

這種授粉方式稱為「振動授粉」（buzz pollination）或「聲波共振授粉」（sonication pollination）。聲波共振就像是使用聲能清除玻璃器皿、眼鏡、珠寶上附著的微粒和灰塵那樣，嗡嗡的振動會讓緊附在雄蕊上的花粉鬆脫。平均振動頻率大約每秒270次（270赫茲〔hertzs〕），會猛烈搖動雄蕊，使雄蕊上的花粉粒脫離。不只蜜蜂能採到牠們渴望的花粉和花蜜，這些花的花粉也終於獲得釋放，可以落到雌蕊上，開始它們最終的旅程。

🔍 觀察

　　仔細看看花園裡不同的花朵。注意雄蕊有不同形狀。許多是圓胖形，附著在長柄（花絲）上（見 p.110，圖4.7的豌豆花）；也有管狀的雄蕊，沒有明顯的柄（圖4.7的番茄花）。哪些花的雄蕊上有一層花粉，哪些花的雄蕊平滑，沒有明顯的花粉粒？不同的蝴蝶、甲蟲、蠅類、胡蜂和蜜蜂授粉者，偏好造訪哪一類花朵？

　　花粉管為了到達胚珠裡的目的地，可能需要長一公分左右的距離（例如甜菜和番茄），或是數十公分（例如玉米，玉米鬚就是長長的雌蕊）。花粉管的旅程可能只花幾個小時，但也可能需要幾個月；不過，移動的距離未必決定旅程需要的時間。

花粉和雌蕊相遇

🔍 觀察

　　南瓜和櫛瓜在花季的高峰期裡花朵繁多，正適合做「花粉如

何從雌蕊頂上到達底部」的實驗。瓜類植物有個與大部分園藝植物不同的特徵：它們有兩種花，一種只產生雄蕊，另一種只產生雌蕊和果實。第一種花（雄花，staminate）的名字取自含有花粉的結構，也就是雄蕊（stamen）；另一種花（雌花，pistillate）的名字則取自產生果實的花朵結構，也就是雌蕊（pistilis）。

你可以替花粉準備特製的培養基，模擬花粉粒在旅程中穿過的營養環境。用水、蔗糖、蜂蜜、幾粒硼酸結晶、一撮酵母調味醬（Marmite，市面上可以買到的酵母萃取物），製作一個簡單的培養基。詳細配方如下：

蔗糖：2 公克

蜂蜜：1.4 公克

硼酸：3 小粒

濃縮酵母萃取物（酵母調味醬）：1 坨（約 1 平方公分）

蒸餾水：40 毫升

在直徑 10 公分的培養皿中加入這種培養基，再撒上瓜類雄蕊上數百粒的黃色大花粉粒。讓花粉在新環境待 10 分鐘，看看有沒有任何變化。然後在這個培養皿的正中央，放上扁扁的雌花花蕊。在接下來的幾分鐘、幾個小時裡，觀察花粉粒對它們之間的雌蕊有什麼反應。

花粉粒多快會萌發花粉管？花粉管會長多長？生長中的花粉管會影響附近的花粉管嗎？花粉管會彼此重疊，還是會避開對方？花粉管生長的情況，和蘿蔔苗最初的根上眾多根毛的生長，有什麼相似之處？如果加入的雌蕊超過一個，雄花粉管會有什麼

反應？觀察培養皿裡花粉和雌蕊發生的事情之後，繼續追蹤後續，去看花園裡受粉的花朵轉變成果實的過程。

圖4.6的花粉大觀顯示了植物不為人知的美。十九世紀美國環保運動先驅約翰‧繆爾（John Muir）曾在一封信中這麼觀察：「植物最微小的部位本身就很美，合而為一時也很美，它們無疑同樣細心地交織成一個和諧美麗的整體。」

💬 假設

受粉通常是形成種子和果實的前奏（p.110圖4.7），但也有例外。即使從來沒受粉或受精、不曾形成種子的花，也可以形成果實。店裡賣的無子西瓜和無子柳橙，正是未受精的花朵結成的果實。

為什麼植物從花到果實的旅程中，能跳過受粉和受精的步驟呢？這些無子水果採行的方式，稱為單性結果（parthenocarpy，parthenos＝未受精，處女；carpy＝果實）。

受精之後，從花到果實的轉變就像植物生命中所有重大事件一樣，受到植物荷爾蒙的調控。我們熟悉的荷爾蒙──生長素、激勃素和細胞分裂素，都是這個轉變中的關鍵參與者。僅用荷爾蒙，就能推動花到果實的轉變嗎？如果荷爾蒙本身就有這種促使轉變的能力，那麼開花時添加一種或多種這類外源荷爾蒙，即使花沒受粉、受精，應該也能表現得像受粉、受精過一樣。

市面上的生長素，就是園藝用品店販售的發根劑。多虧生長素能輕易取得，這個假設很容易檢驗。在每公升水中加入一茶匙的洗碗精和一滴植物油（加入洗碗精和油，有助於讓噴劑附著

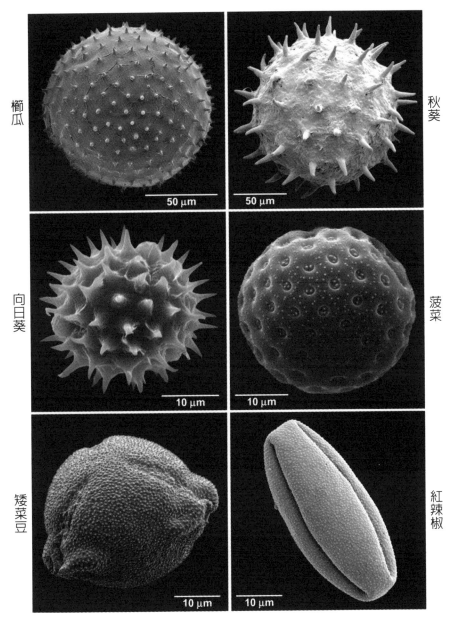

圖4.6：掃描式電子顯微鏡提供花粉粒的影像。圖中的花粉粒來自六種園藝蔬菜，代表六科的植物。

左到右，第一行：櫛瓜、秋葵；第二行：向日葵和菠菜；第三行：矮菜豆和紅辣椒。

從花到果實的旅程

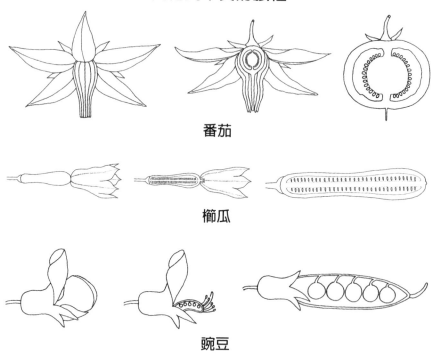

番茄

櫛瓜

豌豆

圖4.7：受粉開啟了花到果實的旅程。仔細觀察哪些植物部位消失了，哪些雖然留下卻不再生長，哪些在這段旅程中膨大、成長，就能體會花到果實的神奇轉變。

在花的表面），製作兩種不同濃度的發根劑（100mg/L 和 500mg/L）。將不同濃度的發根劑噴灑在番茄株的不同花簇上。另一簇番茄花噴上只有水、洗碗精和油的溶液。依你預測，用生長素處理過和未處理過的花，結出的種子和果實大小如何？

種子和孢子的區別

　　花園裡大部分的植物都是開花植物和裸子植物，這些植物是從種子而不是孢子萌發而來。然而，種子是細胞融合而形成，這些細胞其實來自兩個孢子——一個雄的小孢子，和一個雌的大孢子。這是怎麼回事？種子的旅程和孢子的旅程截然不同。苔蘚和蕨類只會形成孢子（p.113圖4.8、p.114圖4.9），開花植物（例如蘋果、櫛瓜和番茄）既會形成孢子，也會形成種子（p.115圖4.10），比較這兩類植物的生活史，種子與孢子兩種旅程的差異就會水落石出。

　　每個種子裡都有胚，而胚是兩個配子（卵細胞和精細胞）融合形成的。每個配子都只有半套（n）遺傳物質，胚則有全套遺傳物質（2n）。這些配子代表植物生活史中的配子體世代。精細胞來自小孢子和雄配子體，卵細胞則來自大孢子和雌配子體。精子（擁有遺傳物質n）和卵（也有遺傳物質n）融合之後形成胚，而胚代表了植物生命的另一個世代的開始——孢子體世代（n＋n＝2n）。種子（2n）是孢子體世代的第一員；孢子（n）則是配子體世代的第一員。（編按：先是配子體世代，再到孢子體世代。）

　　開花植物的每粒種子，都是兩個孢子的後代相遇而形成：一個是雌蕊中的大孢子，另一個是雄蕊中的小孢子。開花植物的種子是由（一）雄蕊上小孢子形成的雄配子體的三個細胞，和（二）每個胚珠（雌蕊的大孢子形成的雌配子體）中央的七個細胞，二者融合形成。

　　其他像蕨類和苔蘚這些綠色植物是從孢子萌發，不會形成種

子。每粒種子中，都預先形成未來的開花植物，以胚期形態存在；孢子裡卻看不出任何有組織的形態。種子由許多細胞組成，孢子卻只是單一個細胞。不過很少人明白，產生種子的所有植物也都會產生看不見的孢子。從種子萌發形成的所有開花植物，會在花朵的雄蕊產生小孢子，在雌蕊產生大孢子。然而，不是所有產生孢子的植物都會產生種子。苔蘚和蕨類植物既不開花，也不會結子（圖4.8、p.114圖4.9）。

　　真正神奇的是，每粒種子裡組織良好的胚期植物，是由沒有明顯組織的細胞融合而成 —— 完全看不出這些細胞會發展成什麼模樣。開花植物與裸子植物的小孢子和雄配子體，以及大孢子和雌配子體，都沒有任何結構可讓人看出它們非凡的未來（p.115圖4.10）。

植物知道何時該開花

　　花有大有小，有的繽紛，有的樸素，在一年四季妝點了風景；但每種植物都是在自己特定的季節開花，而不是任何季節都能開花（p.116圖4.11）。我們很少注意到鬱金香是在春天綻放，番茄在盛夏開花，菊花等到秋天才綻開花芽。

　　植物是長到某個大小或某個年紀才開花嗎？植物開花的決策似乎和這些無關，而是根據植物從環境得到的當季資訊 —— 每株植物接收到的溫度、光照時數、黑暗時數，以及降雨量。這些特性是否有哪個（或全部）提供了資訊，讓植物做出決策？要決定是否開花，植物的某些部位是否不可或缺？

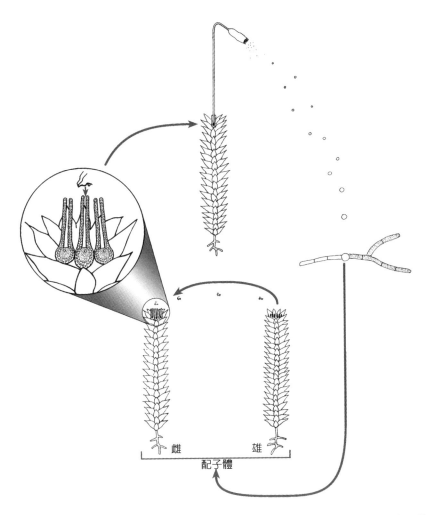

圖4.8：苔蘚植物的生活史中，孢子體依賴配子體提供養分。放大圖中，孢子體世代始於游動精子和卵子相遇。

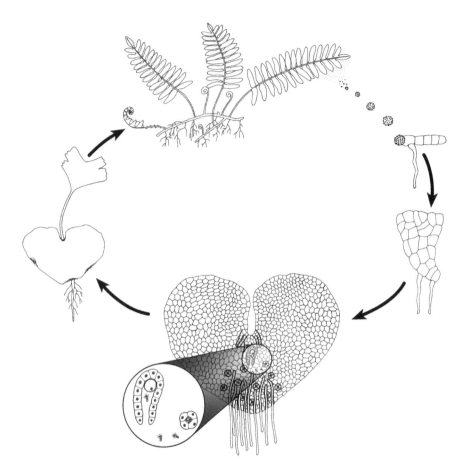

圖4.9：蕨類的生活史中，孢子體獨立於配子體而生存。蕨類配子體長成一株獨立於孢子體的綠色植物。而精子和卵相遇，宣告了孢子體的誕生。

蕨和苔蘚的配子體上有藏卵器（archegonia，archae＝原始；gonia＝雌性生殖器官），其中有卵。螺旋狀的精子則從藏精器（antheridia，antheros＝雄花；idion＝小）這個胞狀構造中游出來，和藏卵器中的卵細胞結合。

苔蘚和蕨類的游動精細胞都有鞭毛（agella，agellum＝鞭子）；但開花植物花粉管裡的兩個精細胞完全失去了鞭毛，無法游泳。只有開花植物和裸子植物的種子中，有預先形成的孢子體。

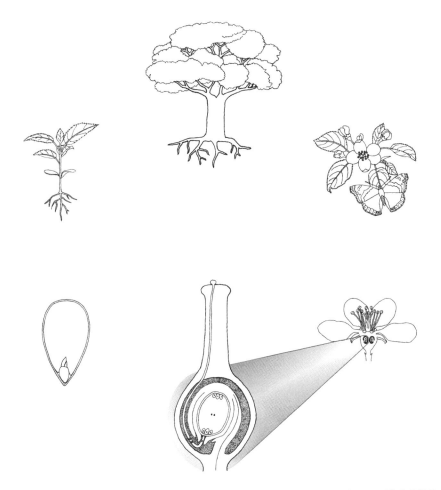

圖4.10：開花植物（例如蘋果樹）的生活史中，花朵裡的雄配子體和雌配子體完全依賴它們的綠色孢子體而生存。放大圖是蘋果花的一部分，圖中是成熟花粉（雄配子體）和胚珠中央雌配子體相遇的情形。只有開花植物和裸子植物有花與種子。

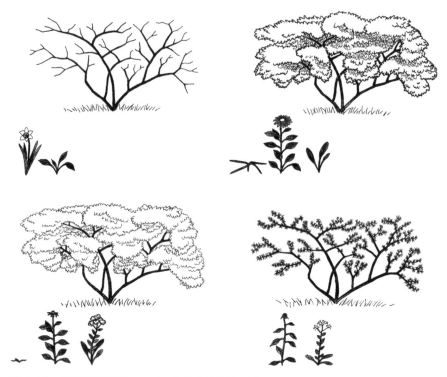

圖4.11：開花的四季：水仙在春天開花（左上）；紫錐花在夏天開花（右上）；一枝黃花在秋天開花（左下）；美國金縷梅在冬天開花（右下）。

🔍 觀察

　　有些植物在春天開花（例如鬱金香和水仙）；有些在夏天開花（例如金光菊和瓜類）；少數在秋天開花（例如一枝黃花和紫菀）；更少是在冬天開花（例如美國金縷梅和聖誕紅）。

在提出這些季節訊息是否為決定開不開花的關鍵之前，我們先假設植物開不開花取決於花的日照長度，或光週期（photoperiod）。試著讓所有植物都曝露在同樣的生長溫度和雨量；只有光照方式不同。

把金光菊、一枝黃花、菊花、彩葉草、百日草、鼠尾草，或前一年節慶假期留下的聖誕紅，放在螢光燈下，每天開燈照16小時或8小時；這兩種光照方式分別模仿植物在夏季和冬季於戶外受到的光照。要模仿植物在春、秋季戶外的日照時數，可以把每種植物放在每天12個小時的光照下。哪些植物在哪些光照條件下開花？有些植物開花的情形不受光照影響嗎？

這些不同種的植物，判斷日照長度時是依據光照長度、黑暗長度，還是光和暗的長度都有影響？如果植物能判斷日照的長度，那麼這些植物不論在黑暗中的時間長短，曝露於那樣的日照長度就應該開花。製造16小時光照加16小時黑暗的光（暗週期），拿來與16小時光照加8小時黑暗的正常光暗週期做比較。嘗試另一個光暗週期：8小時光照加8小時黑暗；把它與8小時光照加16小時黑暗的正常光暗週期做比較（下一頁圖4.12）。

進一步挑戰這些開花植物，可以在光照期插入一個小時的黑暗，或在黑暗期插入一個小時的光照（下一頁圖4.13）。在光照期中間插入一個小時的黑暗，打斷「16小時光照 / 8小時黑暗」的長光照；在黑暗期中間插入一個小時的光照，打斷「8小時光照 / 16小時黑暗」的較長黑暗期。

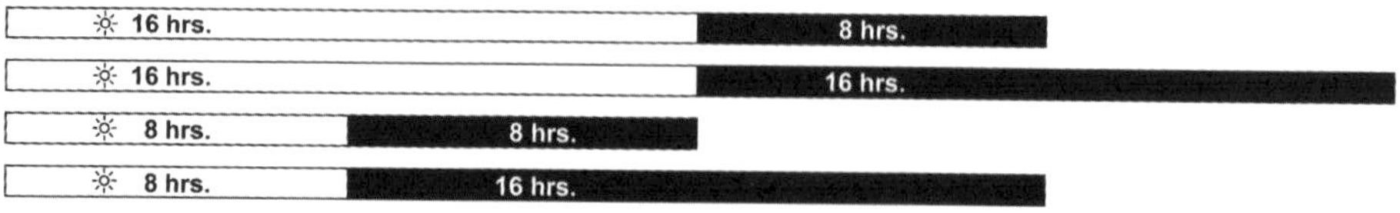

圖4.12：該不該開花：植物判斷白晝長度的方式，取決於光照的長度，還是黑暗的長度？圖中顯示如何用光照和黑暗的不同安排，影響植物的開花決策。

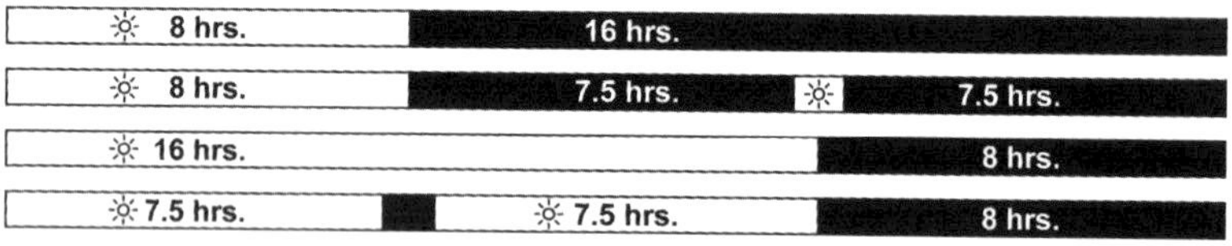

圖4.13：該不該開花：植物(1)如果光照被短暫的黑暗打斷，或(2)如果黑暗被短暫的光照打斷，是否會無法判斷日照長度？光照干擾和黑暗干擾，哪個對植物開花決策的影響比較大？或兩種干擾的影響力一樣大，或一樣不明顯？圖中顯示干擾光照期和黑暗期，可以用來影響植物開花的決策。

💬 假設

　　如果你嫁接兩株還沒開花的植物，而且兩株植物屬於同一個科（例如同是菊科的紫菀或一枝黃花，和金光菊或紫錐花嫁接在一起），會發生什麼事？兩組植物正好在一年中不同的季節開花（紫菀和一枝黃花在早秋開花；金光菊和紫錐花在初夏開花）。用第二章敘述的嫁接技術，製作兩株鑲嵌植物，莖、葉和根由紫菀或一枝黃花其中一種的植株，與金光菊或紫錐花其中一種的植株共同構成。

　　過去植物生理學家的實驗顯示，植物的葉子接收到開花刺激

之後，會把這種刺激傳送到芽的幹細胞，之後長出花。被摘除葉子的植物，不論日照長短，都無法開花；只有一片葉子的植物仍然可以從環境中得到足夠的訊息，在完全準確的季節開花。植物曝露的光環境，會激發葉子中的某些因子。這種因子應該是從葉子傳送出去，促使花芽形成。

將整株鑲嵌植物曝露於短日照（8小時光照），看看會開出哪種花。同時，把另一株鑲嵌植物曝露於長日照（16小時光照）。從結果看來，如何誘導不同植物開出花朵？在短日照誘導開花的那些因子，也能刺激通常在長日照開花的植物，使之開花嗎？在長日照誘導開花的那些因子，也能刺激通常在短日照開花的植物，使之開花嗎？

初夏時，試著在紫錐花或金光菊通常會開花的日子前幾天除草。一枝黃花和菊花等植物在夏末開花，你也可以在夏末它們正常開花的日子前幾天除草。這些植物原本要開花，卻被除草阻礙，你覺得這些植物還會再試著開花嗎？這些植物一旦曝露在誘導它們於特定時間開花的光暗週期下，即使原本的花芽被割掉了，仍然會堅持形成新的花芽，最後開花嗎？

果實怎麼知道何時要成熟？

據說一桶蘋果中只要有一顆蘋果過熟、爛掉，整桶蘋果就會壞掉（下一頁圖4.14）。果實成熟代表的是老化的過程，這種過程可以與每年秋天樹木和草本植物大量落葉時葉子老化、衰老的過程相比較。

圖4.14：一顆爛蘋果會讓旁邊的蘋果、香蕉加速成熟。

　　腐爛真的會傳染嗎？如果會的話，爛蘋果必須和其他蘋果接觸，還是只要和其他蘋果在同一個空間，共用共同的空氣就好？有沒有證據證明，非常熟的爛蘋果會釋放出某種物質，把腐爛的狀態傳染給其他水果？

🔍 觀察

　　先從一顆過熟的蘋果開始。把一顆青蘋果（指未成熟，而非品種）靠在這顆過熟蘋果旁邊，兩顆蘋果有接觸；把另一顆蘋果放在離過熟蘋果30公分的距離。在遠離這兩個情況的地方，把第

三顆青蘋果靠在另一顆青蘋果旁，第四顆青蘋果靠在一根過熟香蕉旁。

💬 假設

　　過熟的果實會產生某種物質，影響好幾顆未成熟的果實，而這些觀察會讓我們知道這種物質的哪些事呢？用塑膠袋隔開成熟和未成熟的果實，會影響番茄、梨子、蘋果或香蕉成熟的時間嗎？

　　把過熟蘋果和硬幫幫的青蘋果放在同一個塑膠袋裡，讓兩顆蘋果接觸。重複這樣的安排，把過熟蘋果和青蘋果放在同一個塑膠袋，兩顆蘋果相距15公分。另一個塑膠袋裡，放一顆硬幫幫的青蘋果和過熟蘋果，但過熟蘋果先用比較小的封口袋密封起來。另一個封口袋裡放進兩顆青蘋果。你可以用未成熟和過熟的梨子與香蕉，重複同樣的實驗。

　　植物的一個部位所產生的化學物質，能影響遠處的組織和細胞。不過，如果此化學物質要從植物的一個部位移動到另一個部位，必須是氣態或液態。植物產生的固態化學物質（例如糖）必須溶在水中，才能從一個位置移動到另一個位置。那些化學物質有時會促進某些作用，有時候則會抑制某些作用。

　　如果爛掉或成熟的水果會產生某種物質，加快其他水果成熟（老化）的速度，那種化學物質就會被視為荷爾蒙。這種荷爾蒙發揮作用時，應該是什麼形態（液態或氣態）呢？數百年來，中國農民都在缸子裡焚香，以促進水果成熟。其他地方的農人為了達到同樣的目的，會焚燒牛糞。我們現在知道，焚燒香和牛糞的

煙霧中含有乙烯——這種物質會促使果實成熟，而且是已知唯一呈氣態的植物荷爾蒙。

乙烯這種物質不但能加速果實成熟（以及第二章我們觀察到的葉子老化），也能減緩芽的生長，不論那個芽之後將變成莖、葉、花或果實。別忘了另一種植物荷爾蒙——離層酸，它不只會抑制種子發芽，也會抑制芽生長。這兩種常見的荷爾蒙再一次攜手合作，抵消其他荷爾蒙的作用。

🔍 觀察

馬鈴薯的每個芽眼都是一個芽，其中含有產生一株馬鈴薯所有部位的訊息。比較成熟果實對未成熟果實的影響，以及同一種成熟果實對馬鈴薯芽的影響。如果放在黑暗中，馬鈴薯的芽眼很快就會長出莖和葉；但若是熟香蕉或熟蘋果和這些馬鈴薯放在一起呢？把兩種不同的水果和馬鈴薯的組合，放在乾燥黑暗的地方。（一）把一顆熟蘋果、一根熟香蕉和七顆馬鈴薯，放進同一個紙袋裡。（二）把七顆馬鈴薯放進一個紙袋裡，但不放蘋果。

就像植物生命中的所有重大決定一樣，這些植物生命的里程碑一再出現同一批荷爾蒙——生長素、細胞分裂素、激勃素、離層酸和乙烯。生長素、激勃素和細胞分裂素，促進植物從開花直到果實長到夠大（但未成熟）的旅程。乙烯和離層酸接手夠大但青綠的果實，使之變成甜美繽紛的成熟果實。也難怪，這些荷爾蒙的微妙平衡支配了果實從受精到成熟的命運（圖4.15）。

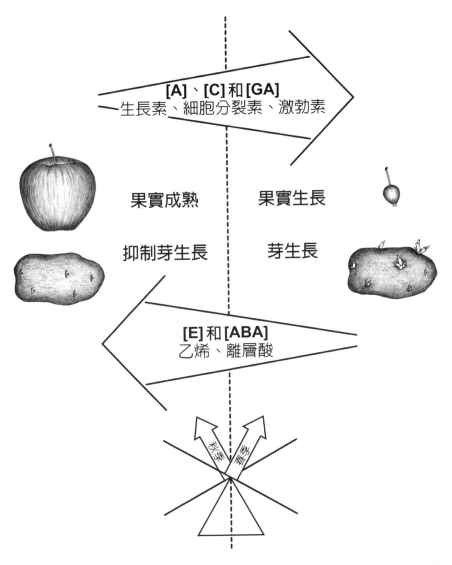

[A]、[C] 和 [GA]
生長素、細胞分裂素、激勃素

果實成熟　　　果實生長

抑制芽生長　　　芽生長

[E] 和 [ABA]
乙烯、離層酸

圖4.15：生長素（A）、細胞分裂素（C）、激勃素（GA）、乙烯（E）和離層酸（ABA），這些荷爾蒙的相對濃度在發育中的果實裡起起伏伏，協調果實早期的生長和最後的成熟。

每年秋天，荷爾蒙濃度的平衡決定了果實的命運。同樣的，每年春天，荷爾蒙濃度的平衡也決定了芽的命運。一系列的植物荷爾蒙會促使芽展開。

然而，每年秋天隨著離層酸和乙烯的濃度升高，芽會進入休眠階段，直到翌年春天。

Chapter 5

來自太陽的能量
和土壤的養分

Energy from the Sun and
Nurtients from the Soil

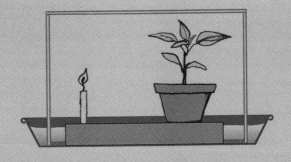

圖5.1：十字花科成員提供的能量和養分，直接傳給啃食這些植物葉片的紋白蝶和許多葉蚤。而能量和養分又從這些毛蟲和葉蚤，傳給老鼠、蟾蜍和長腳蜂（右上），以及廣肩步行蟲這種色彩斑斕的步行蟲（中下）。長頸長椿象（Myodocha，右下）對於捕食毛蟲毫無興趣，找的是雜草的種子。

大白菜的寬大葉片從太陽收集能量，長得更寬、更長。植物用它們的葉綠素這種綠色色素，收集陽光中的能量，把太陽能轉換成化學能。所有綠色植物都藉著光合作用（photosynthesis，photo＝光；syn＝一起；thesis＝安排），把陽光的能量轉換成糖的化學能——這是植物和所有動物都能使用的一種能量形式。這個過程是把陽光的能量，與二氧化碳（CO_2）和水（H_2O）結合，同時產生糖（$C_6H_{12}O_6$）和氧氣（O_2）。我們目前對於「植物如何利用太陽能和化學來支持地球上的生命」的理解，其實是世世代代科學家的努力。

　　十八世紀時，人們對光合作用和化學幾乎一無所知，英國科學家約瑟夫·普利斯萊（Joseph Priestley）觀察植物捕捉陽光，不只發現植物曝露在陽光下時，會產生所謂的修復性物質，而且這種物質居然是科學未知的一種化學元素。

　　在密閉罐子裡燃燒的蠟燭，很快就會熄滅，蠟燭顯然耗盡了空氣中某種燃燒必需的物質。為了防止周圍的空氣進入罐子中，普利斯萊把大玻璃罐倒扣在一盤水上，然後把燃燒的蠟燭放在一株盆栽或一株植物的新鮮莖部旁邊（下一頁圖5.2）。這次蠟燭會繼續燃燒。普利斯萊觀察到，「植物的生長狀態能恢復空氣」。陽光下的植物，可以在蠟燭耗盡空氣中這種不可或缺的物質之後，再「復原」這種物質。後來發現，讓空氣恢復功能的是「氧」這種化學元素。發現這種新元素，確立氧有修復的特性之後，不久就發現陽光下的植物要釋出特定容積的氧，就必須吸收等量的二氧化碳。

　　來到十八世紀末，光合作用的基礎化學已經過實驗證實，而

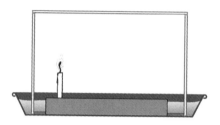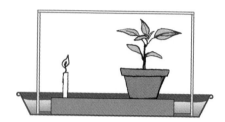

圖5.2：一根蠟燭單獨放在密閉的容器中，很快就會熄滅；但如果同一個容器中放進一棵植物，那根蠟燭就會繼續燃燒，除非植物不再照到陽光，無法進行光合作用。

世界各地的實驗室至今仍在持續揭露這個過程的無數細節。

🔍 觀察

在房間裡或走廊上有陽光的明亮區域放一大盤水，大小要容得下一個透明玻璃碗或大型玻璃容器（例如水族箱）。把一小根蠟燭立在一個平台上（例如一小塊磚頭），水面要低於平台；點燃蠟燭，把玻璃容器倒扣在蠟燭周圍，並放進水中。蠟燭會燃燒多久？再次點燃蠟燭，在蠟燭旁的平台上放一小棵盆栽。有植物在，蠟燭燃燒的能力「恢復」了嗎？植物讓蠟燭又能燃燒的能力，在陰天一樣有效嗎？

將裝著美國水蘊草（Elodea）的水族箱放在明亮的陽光下，水蘊草的葉子會迅速開始冒泡。陽光的能量驅動水蘊草葉片進行光合作用時，浸在水中的植物會吸收二氧化碳和水，形成糖和氧；植物留下糖，把氧排到水族箱裡，形成數以百計的氣泡。密閉的水族箱裡，只要水草和陽光持續合作，把氧氣送回水族箱的

水裡，就能讓魚和昆蟲活下去。

除了利用最初源於太陽的能量，所有生物也需要最初源於土壤的養分。高麗菜蜿蜒的根會從四面八方汲取水和養分，在過程中把土壤的養分濃縮八倍。吃高麗菜的生物（例如葉蚤和紋白蝶的毛蟲）都喜愛高麗菜的風味，會利用這些能量和養分。不論是誰吃了以高麗菜為食的動物（例如蟾蜍、胡蜂和一些甲蟲），也會分到一部分來自太陽的能量，和一部分來自土壤的養分元素；現在這些養分又濃縮了五倍。

要長得高大，需要不少太陽的能量。「午夜太陽之境」種出破紀錄的巨大高麗菜。阿拉斯加的夏天，陽光幾乎每天二十四小時都為蔬菜的光合作用提供能量，使得蔬菜每天二十四小時都持續生長。2012年，阿拉斯加帕麥（Palmer）的史考特·羅柏（Scott Robb）種出一顆62.7公斤的高麗菜，在阿拉斯加州博覽會創下新的世界紀錄。想要打破這個紀錄，令人大開眼界的高麗菜必須利用更多來自太陽的能量和土壤的養分。（前一個紀錄保持者的高麗菜也種植於阿拉斯加，重57.1公斤。）

要生產水果和堅果作物，需要很多能量。櫟樹、山毛櫸和蘋果這些樹木，每二到五年會有堅果和水果的大豐收。樹木豐收和歉收的循環，稱為「同步大量結實」（masting behavior），mast這個字在古英文是指果樹下堆積著異常多的秋天收成。沒人知道造成這種現象的所有因素，但在同步大量結實的年分，樹木確實比其他年分耗費更多能量、用上更多養分，來產生花朵和讓果實成熟。在同步大量結實的年分之間，樹木可以不用努力開花、結果，把能量和養分用在長高和長胖。

秋天裡，隨著植物每天接受的日照愈來愈少，人工光源提供的能量會刺激葉綠素生產，延長葉子的壽命，延緩葉子必然的衰老。秋天裡，路燈旁圍著綠葉；這些樹葉捕捉到的額外光線（和能量）能維持它們的活力，而這些樹葉的鄰居若位在燈光能量的影響範圍之外，會老化得比較快，不久就從樹上落下。這些綠葉裡的葉綠素繼續捕捉光能，此光能會被用於製造糖分。糖分濃度高的葉子撐最久，在終於臣服於老年之前，時常展現最鮮豔的紅色和橙色。

　　植物生長的工作，需要能量才能完成。植物利用能量來做事，長高、長寬、長深。如果太陽把能量提供給植物，那麼遮住一些（或大部分的）太陽能，就會減少植物能做的工作量。

植物如何利用光能生長？

　　如果植物的四面八方都曝露於陽光能量之中，就會長得又綠又直。不過，當植物只有一側受光時，就會彎向受光的那一側。植物沒受光的那一側會延伸得比受光的那一側更長。從太陽接收到較少能量的葉、莖和根，伸長得比接收到較多能量的部位更多。如果把植物放在完全的黑暗中，無法得到任何陽光能量，只有自己儲存的能量可用，整株植物會發生什麼事？動物吃植物或草食性動物為生，從這些食物中得到化學能，少了食物，動物會變得瘦弱蒼白，最後因為缺乏能量而餓死。

無光照　　　　　直射陽光下　　　　一側受光

圖5.3：這三盆豆苗在同一個溫室種了同樣的時間（十天），但曝露在三種不同的光照下。

中間那盆放在直射的陽光下；右邊那盆放在一個盒子裡，只有一側照光；左邊那盆放在封閉的盒子裡，沒有光照。

🔍 **觀察**

　　在三個盆子裡各種一株豆苗。在最初的兩片葉子冒出地表之後，就把一盆放進一個不透光的箱子、櫃子或房間。把第二盆直接放在陽光下，第三盆只有一側受光。盆裡的土壤要保持濕潤。十天之後，檢查三株豆苗的情形，觀察在完全黑暗中生長的豆苗，和單側受光、上方均勻受光的豆苗，生長情形有什麼不同（圖5.3）。光照的方式不同時，植物地上部和地下部的反應一樣嗎？十天的實驗中，所有豆苗子葉的萎縮程度都一樣嗎？把植物地下部和周圍的土壤放進一盆水裡，輕輕除掉附著在豆苗根上的

盆栽土，根上大部分的土應該都會脫落。檢視根部，看看是否有證據可證明地上部的光照情況會影響植物地下部的活動。

💬 假設

即使植物沒捕捉到陽光能量，某些部位仍然會變長，這可能是什麼造成的？你能提出什麼假設來解釋，為什麼植物接受比較少光照的部位長得比較高？你能檢驗這些假設嗎？在黑暗中的植物部位能繼續變長多久，才會用完庫存的所有能量？

🔍 觀察

在某些環境條件下，有些植物能利用更多光能，結合二氧化碳和水來合成糖。這樣的環境條件有哪些？

（光合作用）：$6\,CO_2 + 6\,H_2O +$ 光能 $\rightarrow$
$C_6H_{12}O_6$（葡萄糖）$+ 6\,O_2$

在炎熱乾燥的日子，植物通常會關閉氣孔以防止水分散失，並且限制二氧化碳進入植物體。然而，這麼一來也會把氧氣困在葉子裡，而氧氣會反轉光合作用的過程，減少葡萄糖的產量。這種光合作用反轉的過程，稱為「光呼吸」（photorespiration），不只會減少糖的產量，也會釋出二氧化碳。

（光呼吸）：$C_6H_{12}O_6$（葡萄糖）$+ 6\,O_2 \rightarrow$
$6\,CO_2 + 6\,H_2O +$ 能量

有些植物克服了這種損失葡萄糖、浪費二氧化碳的無效率情形，利用額外的能量，進行額外的化學反應，確保所有二氧化碳都用於光合作用，不會被浪費。這些植物會把所有二氧化碳導入光合作用的初始步驟。在這個初始步驟裡，每一分子的二氧化碳會先和一個五碳的分子（C5=二磷酸核酮糖，ribulose bisphosphate）結合，產生兩個三碳的有機化合物（C3=磷酸甘油酸，phosphoglycerate），這種化合物是六碳化合物（C6=葡萄糖）的前驅物，也就是光合作用的最終產物。

光合作用的初始步驟稱為「固碳」。

$$6\ CO_2 + 6\ C_5H_{12}O_6 - 2PO_3^{-3}\ (\text{二磷酸核酮糖})$$
$$\rightarrow 12C_3H_6O_4 - PO_3^{-3}\ (\text{磷酸甘油酸})$$

所有植物進行光合作用途徑的第一個反應，都是產生三碳的化合物（磷酸甘油酸）；然而，地球上大約有10%的植物（稱為C4植物）不只在初始步驟產生三碳化合物，它們的光合作用還有其他反應，用額外的太陽能，製造四碳的有機化合物（草醯乙酸〔oxaloacetate〕，蘋果酸〔malate〕），以及額外的二氧化碳。只進行光合作用的第一步，且只產生三碳化合物的植物，稱為C3植物。C4和C3植物會形成相同的C6最終產物——葡萄糖；然而，C4植物更有效率地利用二氧化碳，也就是光合作用的基礎前驅物。在這些C4植物體內，二氧化碳首先和三碳的磷酸烯醇丙酮酸（phosphoenolpyruvate）結合；磷酸烯醇丙酮酸是三碳的丙酮酸（pyruvate）和ATP分子的能量與磷酸結合的產物（下一頁圖5.4）。專欄5.1（p.135）中詳述了C4化學反應的細節。

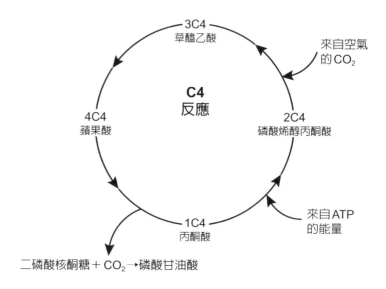

圖5.4：C4反應如何將CO_2導向光合作用的第一步，避免光呼吸。

　　C4植物由葉脈周圍的特殊細胞進行這些化學反應（從1C4到4C4），不會受到氧和光呼吸干擾。這種細胞配置是C4細胞的特點，使得C4細胞中累積的二氧化碳是C3葉部細胞所遠不能及（p.136圖5.5）。在C4葉中特殊的維管束鞘細胞裡，3C4反應產生的蘋果酸，會被切成二氧化碳和丙酮酸（其中，二氧化碳將在C3途徑固定，而丙酮酸則再度展開C4循環），同時盡量減少二氧化碳流失。和C3途徑比起來，用四碳（C4）的磷酸烯醇丙酮酸途徑固定二氧化碳，需要更多太陽能。不過，避免光呼吸和耗能的光合作用反轉，省下的能量甚至超過C4植物需要的額外能量。

專欄5.1：C4植物如何用更多太陽能，保存更多二氧化碳

（1C4）：$C_3H_3O_3^{-1}$（丙酮酸）＋ ADP － PO_3^{-2} ＋ NADPH →
$C_3H_4O_3$ － PO_3^{-3}（磷酸烯醇丙酮酸）＋ ADP ＋ NADP

將能量轉移到丙酮酸之類的分子，是靠著添加一個ATP（三磷酸腺苷）或GTP（三磷酸鳥苷）分子上的磷酸；這是生命通用的能量貨幣。想要更輕易了解富含能量的磷酸根是怎麼在分子和分子間交換，可以把ATP寫成ADP － PO_3^{-2}，GTP寫成GDP － PO_3^{-2}。

這些生化反應中通用的電子接受者是NADP（菸鹼醯胺腺嘌呤二核苷磷酸，nicotinamide adenine dinucleotide phosphate），而電子提供者是NADPH。生化反應中，每次失去或得到電子，就會有個質子伴隨；這對電子和質子用氫原子的記號來表示（H）。另外，三個C4反應（2C4到4C4）為光合作用產生二氧化碳，並且重新產生起始這些C4反應的丙酮酸。

（2C4）：CO_2 ＋ $C_3H_4O_3$ － PO_3^{-3}（磷酸烯醇丙酮酸）＋ GDP ＋ NADP→
$C_4H_3O_5^{-1}$（草醯乙酸）＋ GDP － PO_3^{-2} ＋ NADPH

（3C4）：$C_4H_3O_5^{-1}$（草醯乙酸）＋ 2 NADPH → $C_4H_5O_5^{-1}$（蘋果酸）＋ 2 NADP

（4C4）：$C_4H_5O_5^{-1}$（蘋果酸）＋ 2 NADP → $C_3H_3O_3^{-1}$（丙酮酸）＋ CO_2 ＋ 2 NADPH

這些C4反應（1C4到4C4）產生的二氧化碳，被導入C3光合作用的第一步（見前述），完全用於合成糖。C4植物產生的二氧化碳不像C3植物會在光呼吸中流失。

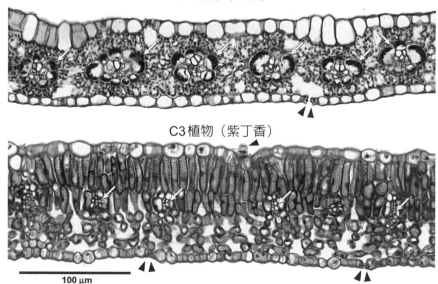

C4植物（玉米）

C3植物（紫丁香）

100 μm

圖5.5：比較C4植物（玉米，上）和C3植物（紫丁香，下）的葉部結構，顯示維管束鞘細胞（白箭頭處）的排列不同。維管束鞘細胞包圍在葉脈周圍，負責C4葉中的特殊化學反應，使得C4植物能把最多的二氧化碳轉化成葡萄糖。維管束鞘細胞裡的二氧化碳濃度一直很高。雙三角箭頭指的是氣孔；單三角箭頭指的是紫丁香葉子表面毛狀體的切面。C4和C3葉部的其他切面參見圖6.9（p.171）和圖9.2（p.224）。

🔍 觀察

在土壤含水量低、高溫、光強度高的環境裡，C4植物表現得比C3植物好。C4植物利用夏天豔陽的額外太陽能，超越沒有能力進行C4光合作用的植物鄰居。在夏天最炎熱、最乾旱的日子裡，C3類的早熟禾草坪奄奄一息，馬唐、大戟和蒲公英這些C4

表5.1：常見的作物和雜草，有的是C4植物，有的是C3植物。

	作物	雜草
C4植物	玉米	馬齒莧
	甘蔗	莧
	青花菜	大戟
	鳳梨	蒲公英
	高麗菜	馬唐
C3植物	馬鈴薯	葦狀羊茅
	小麥	早熟禾
	甜菜	藜
	豆類	狗牙根
	菠菜	羊帶來

植物卻繼續欣欣向榮。C3類的禾本科植物（例如早熟禾、葦狀羊茅、狗牙根），在春、秋這些涼快的季節裡長得比較好，稱為涼季草（cool-season grasses）是名副其實；它們的親戚（例如大藍莖草、馬唐和金黃狗尾草）則在夏天炎熱乾燥的日子長得最好，時常被稱為暖季草（warm-season grasses）。夏天最熱那段時間的菜園裡，莧、馬齒莧和大戟在一排排豆苗及番茄之間茂盛生長。高熱和乾旱讓C3植物同伴處於逆境時，C4類的雜草卻欣欣向榮（表5.1）。

土壤的肥力從哪裡來？

地球上所有生物都依賴來自太陽的能量和土壤的養分。葉和莖從太陽吸收能量。它們也從空氣和水中取得三種化學元素

（碳、氫、氧），與根部分享；而根部則從土壤吸收養分和水，與莖、葉分享。植物生長時，幾乎所有的生物質量都是利用從土壤吸收的水和空氣中吸收的二氧化碳所形成的。植物種在一盆土裡時，土壤的體積或乾重（除去水分後的重量）都不會明顯減少。

　　將近四個世紀前用一盆土和一株柳樹苗做的簡單實驗，顯示了柳樹從2.3公斤重的嫩莖長到76.7公斤的樹木時，從土壤裡釋出的物質多麼微乎其微。尚‧巴提斯塔‧范‧海爾蒙特（Jan Baptista van Helmont, 1580~1644）在柳樹生長開始前和結束後，測量盆裡土壤的乾重，發現只有非常少量（幾乎無法偵測）的養分從土壤轉移出來，用以建造植物的組織。

　　雖然土壤的十五種礦質養分中，有六種只有微量使用（巨量養分），九種是非常微量使用（微量養分），但這些養分對植物的健康都不可或缺。這些養分按元素符號的字母排列，從硼排到鋅，它們的來源是什麼？為何是植物生存所不可或缺的？

　　我們先來看看土壤的組成。地球上的所有土壤都是由三種基本的礦質顆粒組成——砂、粉砂、黏土。這三種礦質顆粒的相對比例，決定了這些土壤的質地。不過，健康的土壤是由無機礦物世界和有機世界結合而成。無機礦物世界包括砂、粉砂、黏土；有機世界則是分解者與牠們正在分解回歸至土壤的物質。分解者持續從動植物殘骸中，回收這十五種必需養分，滋養新一代的動植物。

　　分解者在回收和混合有機物質與三種礦質顆粒的過程中，不只在土壤中加入必需養分，也加入有機物，使土壤擁有神奇的海棉結構（圖5.6）。在比較沒有結構的土壤中，水會太快或太慢流

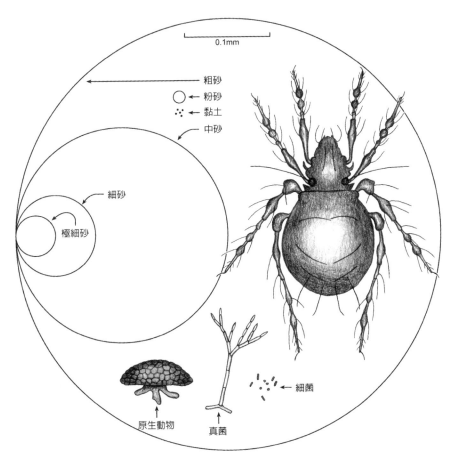

圖5.6：三種土壤顆粒（砂、粉砂、黏土）影響了地球上所有土壤的質地，是土壤聯盟中的無機礦質顆粒夥伴。這些顆粒的大小不同。

土壤聯盟中的有機、生物夥伴，是各式各樣的植物、動物、真菌和微生物。圖中納入其中幾種生物夥伴，包括：土壤中的微生物居民（真菌、原生動物、幾種細菌）和一種常見的小型無脊椎動物居民（甲蟎），以便比較牠們棲地的土壤顆粒。

掉，植物的根也不太會生長，但分解者將這樣的土壤在物理上轉換成較有結構的土壤，根、水和空氣可以輕易穿過。砂、粉砂和黏土這些礦質顆粒，決定了土壤的質地，而這些礦質顆粒和有機物的組合，則決定了土壤的結構。

土壤中較大的砂顆粒、中等的粉砂顆粒和細小的黏土顆粒，三者的相對比例讓所有土壤都擁有獨特的質地。土壤質地可能粗而砂質、富含黏土顆粒而具有黏性，或富含粉砂顆粒而滑順；大約等分的砂、粉砂和黏土顆粒組成的土壤，稱為「壤土」。這一節的結尾，我們將看到同質地的土壤加入不同的有機物，會產生截然不同的土壤結構，以及非常不同的肥力。

🔍 觀察

用你的植物來實行預防性醫學，注意植物是否有某些土壤養分缺乏的徵兆。少了這些養分，植物進行光合作用時會變得有氣無力，細胞壁畸型，產生必需蛋白和核酸的過程受到影響，光能轉換成化學能的過程不成功，而植物會顯現特定的病徵。植物缺乏生長所需的某些元素，會有哪些明顯的徵兆？專欄5.2和表5.2（p.146）列出了這些明顯的徵兆。

🔍 觀察

施用大量的合成肥料（含有等量的氮、磷、鉀），對植物的養分有什麼影響？這些肥料稱為「均衡肥料」；農人和園丁時常用這些均衡肥料為春作施肥。這樣的肥料在農場和園藝店都很容易買到。土壤肥料有添加太多這回事嗎？在七吋盆裡裝進標準培

專欄5.2：植物生長的必需土壤元素（養分）

哪十五種土壤元素是必需元素，為什麼植物需要它們呢？植物缺乏特定礦物元素的病徵有哪些？

這裡列出的前六個元素，是需要量比較大的養分（巨量養分），也是植物細胞各種不同功能所需要的。剩下的九種元素，植物只需要少量；這些稱為微量養分。

土壤酸鹼度（pH）的特性，是影響植物吸收及利用養分最重要的特性。下列的巨量養分在不太酸、不太鹼的土壤中最容易利用 —— 土壤pH值在6.0到7.5之間；然而，有些養分在高pH值（>7.5）最容易利用，有些則在低pH值（<6.0）最容易利用。六種帶正電的微量養分陽離子（Fe^{+2}和Fe^{+3}、Mn^{+2}、Zn^{+2}、Cu^{+2}、Ni^{+2}、Co^{+2}）在酸性土中最容易利用。少數微量養分是帶負電（例如BO_3^{-3}），在pH值低的土壤最容易利用。鉬（以MoO_4^{-2}的形式存在）和其他這些微量養分不同，在鹼性土最容易利用。影響元素吸收和利用的要項，不只有土壤的酸鹼性，這些元素時常會影響彼此的吸收和可用程度。

巨量養分
氮（N，植物以NO_3^-, NH_4^+的形式吸收）

所有必需元素中，氮的移動和改變最大，而且發生在空氣和土壤中。氮是核酸、蛋白和葉綠素的基本組成。太多氮會使土壤中的鈣、鉀和鎂流失。

- **缺乏徵狀**：生長緩慢；發育遲緩；缺乏深綠色。
- **良好的天然來源**：血粉、魚粉、棉籽粕、糞肥。

磷（P，植物以HPO_4^{-2}, $H_2PO_4^-$的形式吸收）

磷是核酸、蛋白質和膜系磷脂的必需成分。光合作用進行的過程中，會持續製造細胞的能量貨幣ATP（富含磷的化合物）。生長最迅速的部位（即莖和根的分生組織），顯然需要磷。pH值小於5.0的時候，磷酸會和Fe^{+3}形成不可溶的化合物；pH值大於7.5的時候，磷酸則會和Ca^{+2}形成不可溶的沉澱物。

- **缺乏徵狀**：較老的葉子顏色可能特別深；生長遲緩、纖弱；玉米的葉緣發紫。
- **良好的天然來源**：骨粉、磷礦粉。

鉀（K，植物以K^+的形式吸收）

鉀是許多酵素的必需輔因子，控制細胞的滲透壓。這是光合作用、固氮作用、合成澱粉、製造蛋白質不可或缺的元素。鉀能幫助處理害蟲、乾旱和耐寒性等環境壓力。

- **缺乏徵狀**：最老的葉片最先顯現；老葉的葉尖、葉緣受損、黃化（褪綠）。
- **良好的天然來源**：木灰、花崗岩粉、綠砂。

鈣（Ca，植物以Ca^{+2}的形式吸收）

植物形成細胞壁時需要鈣。如果土壤中的鉀含量太高，植物吸收的鈣就會不足。

- **缺乏徵狀**：莖尖端萎軟；「果頂腐敗病」。
- **良好的天然來源**：石灰岩（$CaCO_3$）；蛋殼。

鎂（Mg，植物用Mg^{+2}的形式吸收）

每個葉綠素分子的中央都有一個鎂原子（見附錄A）。鎂不只有

助於吸收其他元素（尤其是磷），而且是許多酵素的輔因子。如果土壤中的鉀含量太高，植物吸收的鎂就會不足。

- **缺乏徵狀**：較老的葉子發黃，但葉脈仍是綠色。
- **良好的天然來源**：白雲岩質石灰岩（$CaMg(CO_3)_2$）

硫（S，植物以SO_4^{-2}的形式吸收）

硫原子是蛋白質的基本組成，在蛋白鏈中形成鍵結。硫是形成種子和葉綠素的關鍵。

- **缺乏徵狀**：植株矮化；嫩葉的葉脈呈淡綠色。
- **良好的天然來源**：石膏（$CaSO_4 \cdot 2H_2O$）；有機質

微量養分

動物糞肥是以下微量養分的良好天然來源。

錳（Mn，植物以Mn^{+2}的形式吸收）

形成葉綠素、處理氮、活化許多酵素，都需要錳。

- **缺乏徵狀**：植物矮化；年輕葉片變黃但葉脈呈綠色；葉片上出現壞死。

硼（B，植物以BO_3^{-3}的形式吸收）

某些酵素需要硼才能發揮作用，運送糖、促進細胞分裂時，也會用到硼。這種元素會參與製造核酸和植物荷爾蒙的過程。

- **缺乏徵狀**：頂芽死亡。

鐵（Fe，植物以Fe^{+2}或Fe^{+3}的形式吸收）

形成葉綠素需要鐵，某些酵素含有鐵。固氮細菌的二氮酶酵素會

用到鐵。若土壤中有太多磷酸，會造成不可溶的磷酸鐵，可能導致缺鐵。

- **缺乏徵狀**：年輕葉子發黃，葉脈呈綠色。

鋅（Zn，植物以 Zn^{+2} 的形式吸收）

鋅是許多酵素的輔因子；其中有些酵素參與製造生長荷爾蒙和葉綠素。過多的磷可能限制 Zn^{+2} 吸收。

- **缺乏徵狀**：葉子出現壞死。

銅（Cu，植物以 Cu^{+2} 的形式吸收）

銅是許多酵素的輔因子，包括參與製造葉綠素、形成木質素（細胞壁的一種堅韌、耐久的成分）、利用鐵的酵素。

- **缺乏徵狀**：葉子呈淡綠色，葉尖變乾。

鉬（Mo，植物以 MoO_4^{-2} 的形式吸收）

參與固氮和吸收土壤中氮素的酵素，都需要鉬才能作用。這種養分在 pH 值高的時候最容易利用。

- **缺乏徵狀**：黃化；生長緩慢；產量低；年輕葉子的葉脈發紅。

鎳（Ni，植物以 Ni^{+2} 的形式吸收）

要妥善利用氮，以及重要酵素作用時，都需要鎳。

- **缺乏徵狀**：葉片呈淡綠色，葉尖細胞枯死。

氯（Cl，植物以 Cl^- 的形式吸收）

氯參與滲透調節、光合作用和根部的生長。植物會大量吸收這種元素，很少缺乏。

養土，種下一小株番茄，加入10公克的均衡肥料。另一小株番茄盆栽有等量的相同培養土，加入10公克的有機肥（充分熟成大約六個月的馬糞肥或堆肥）。糞肥和堆肥中的氮、磷、鉀三種養分通常很充足。夏天裡，視需要替這些盆栽澆水。

　　準備兩盆番茄盆栽，一盆用均衡合成肥料施肥，另一盆用有機肥料施肥。到了生長季末，你能看出這兩株番茄盆栽的生長、活力，或葉子和果實有什麼差異嗎？你為兩盆番茄盆栽施放充足的肥料（合成肥或有機肥），有哪一盆顯現表5.2（p.146）列出的任何養分缺乏徵狀？

假設

　　試試看追蹤土壤肥力來源的實驗。這是一個課堂實驗，最初的設計者是英國的洛桑（Rothamsted），他是著名農業研究中心的主任。後來，約翰·羅素（John Russel）爵士在1950年的著作《土壤的智慧》（*Lessons on Soil*）中，展示了令人耳目一新的實

表 5.2：養分缺乏徵狀的檢索表

徵狀	缺乏的養分
● 較老的葉子受害 　1.通常全株植物受到影響；下層葉乾枯死亡。 　　⑴植株呈淡綠色；下層葉子變黃，乾燥後發褐；莖幹矮小、細瘦。	氮（N）
⑵植株呈深綠色；時常出現紅或紫色，下層葉子發黃，乾燥後呈深綠；莖幹矮小、細瘦。	磷（P）
2.通常是局部受影響；斑駁或黃化；下層葉子不乾枯，但變得斑駁或黃化；葉緣內縮或皺褶。 　　⑴葉子斑駁或黃化，有時發紅；壞死壞疽病斑；莖幹纖瘦。	鎂（Mg）
⑵葉子斑駁或黃化；壞疽病斑的區塊不大，在葉脈之間或靠近葉尖、葉緣；莖幹纖細。	鉀（K）
⑶壞疽病斑大而普遍，最後出現在葉脈；葉子厚，莖幹短。	鋅（Zn）
● 嫩葉受害 　1.頂芽死亡；嫩葉扭曲、壞死。 　　⑴嫩葉捲曲，從葉尖和葉緣枯死。	鈣（Ca）
⑵嫩葉基部淡綠，從基部枯死；葉子扭曲。	硼（B）
2.頂芽還活著，但黃化或萎縮，沒有壞疽病斑。 　　⑴嫩葉萎縮，沒有黃化；莖頂孱弱。	銅（Cu）
⑵嫩葉黃化，沒有萎縮。 　　　A.小型的壞疽病斑；葉脈仍是綠色。	錳（Mn）
B.沒有壞疽病斑。 　　　　a.葉脈仍是綠色。	鐵（Fe）
b.葉脈黃化。	硫（S）

注意：美國鉀肥研究中心（American Potash Institute）發表了這個簡單的二分檢索表，用來診斷蔬菜 11 種養分缺乏的情形。即使經驗不多的園丁，也能放心用這個檢索表對照植物病害做出診斷。改編自《土壤與作物的診斷技術》（*Diagnostic Techniques for Soils and Crops*，美國鉀肥研究中心，華盛頓特區，1948 年）。

驗，顯示養分（或他所謂的「植物食物」）是來自土壤。

首先，在花園一處土壤裸露的地方，挖一個60公分寬、30公分深的洞，盡量不要讓表層和底層的土壤混在一起。把表面10公分的土壤（表土）放進三個花盆（編號是奇數，1、3、5），最底下10公分的土（底土）放進另外三個花盆（編號是偶數，2、4、6）。每個花盆都裝進一公升的土。

把50粒裸麥種子播在一盆表土（1號盆）、一盆底土（2號盆）。讓裸麥種子萌芽，生長四到五個星期，直到幼苗長到20公分左右。然後倒出兩盆的土，拿掉裸麥苗（根、莖都移除）。接著把裸麥苗生長的土裝回1號盆和2號盆。

準備好那六盆土，種下芥菜種子。1號盆的表土和2號盆的底土，曾經滋養裸麥苗生長五個星期，之後才移除兩盆中裸麥苗的地上部和地下部。現在，3號盆的表土和4號盆的底土分別摻入60克切碎的新鮮菠菜葉，提供原料讓這些盆中的回收者分解。但5號盆的表土和6號盆的底土中，不放進植物殘骸；這些盆中沒有添加原料讓回收者分解。1號和2號盆裡的土已經為裸麥苗提供過養分；5號盆和6號盆裡的土還未滋養任何植物，而3號盆和4號盆裡的土補充了植物組織。

現在，在六個花盆裡各種下20粒芥菜種子。確保每個花盆裡的土保持潮濕但不會太濕。預測一下，芥菜種子發芽的六個星期後，哪個花盆的芥菜最大棵，哪個花盆的芥菜最小棵？有證據能證明種植裸麥苗會耗盡1號盆和2號盆裡土壤的養分嗎？從芥菜在這些盆中的生長結果來看，「植物食物」的來源是什麼（下一頁圖5.7上）？

圖5.7：

上：這些芥菜經過相同的生長時間，地上環境裡陽光和溫度的條件相同。三盆中（1、3、5號盆）的植株長在同樣的表土裡；其他三盆（2、4、6號盆）的植物生長在同樣的底土裡。1、2號盆種植裸麥四個星期後，再播下芥菜種子。3、4號盆的花園土壤中加進60公克的新鮮菠菜葉，再播下芥菜種子。5、6號盆的芥菜種子播在直接取自花園現場、未處理的土壤中。

下：這些芥菜的環境條件相同，生長時間長度相同。像前面的實驗一樣，奇數盆（3、5號盆）的土是表土，偶數盆（4、6號盆）的土是底土。3、4號盆的土壤加入60公克的新鮮菠菜葉加以改良，再播下芥菜種子。5號盆和6號盆中也種下芥菜種子，這兩盆的土壤沒經過處理。

若要簡化實驗，可在四個花盆裡裝進同樣的花園土壤（3號和5號盆為一組，加入表土；4號和6號盆為一組，加入底土），播下種子。每組之中，有一盆的土壤不處理；另外將60公克的新鮮菠菜葉切碎，放入另一盆的土壤（圖5.7下）。

　　土壤中無數的生物（包括肉眼可見的生物，與更多看不見的微生物），會從死去的動植物身上回收養分，讓活的植物可以運用這些養分。土壤提供植物的肥力，正是土壤中培育的這些（可見和不可見的）生物的功勞。1943年《活的土壤》（The Living Soil）一書的作者伊芙・鮑爾佛（Eve Balfour）指出，土壤生物持續把動植物的殘骸變成腐植質和養分。這樣的轉化「建立了生長和腐壞之間的完美平衡，因此能永保土壤的肥力」。約翰・羅素爵士指出，放任作物的殘骸腐爛「並非浪費，而是會成為下一批作物的食糧」。

　　腐壞的過程中會釋出養分，留下腐植質。腐植質是分解者咬碎、嚼食、吞下、消化牠們回收的所有枯枝落葉之後，排出的有機物質。腐植質顆粒帶有負電荷，活躍地和帶正電荷的礦質養分（陽離子）結合。腐植質分解緩慢，可在土壤中留存多年，能蓄積水和養分，也與水和養分結合，使其保留在植物根部容易到達的地方。腐植質是光合作用產物被土壤回收者處理過之後的殘留物，富含碳和能量（下一頁圖5.8）。

　　每個園丁在園藝的冒險中，都應該盡可能召募土壤生物當夥伴。這些生物能幫忙實現土壤肥沃的理想。健康的土壤需要結合砂、粉砂、黏土顆粒的無機礦物世界，以及分解者與可使必需養分回歸土壤的分解中物質所組成的有機世界。分解者在土壤中加

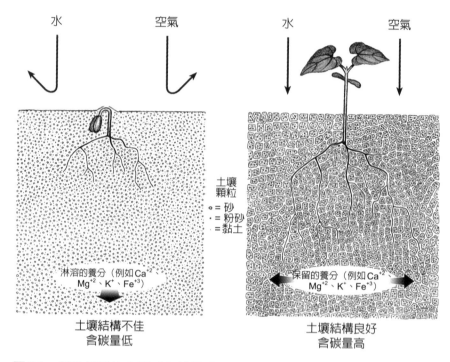

水　　　　空氣　　　　　　水　　　　　空氣

土壤
顆粒
○ = 砂
· = 粉砂
＝黏土

淋溶的養分（例如 Ca⁺²、
Mg⁺²、K⁺、Fe⁺³）

保留的養分（例如 Ca⁺²、
Mg⁺²、K⁺、Fe⁺³）

土壤結構不佳
含碳量低

土壤結構良好
含碳量高

圖5.8：質地相同的土壤（也就是砂、粉砂和黏土顆粒的組成比例相同），
土壤結構也可能截然不同。回收植物的枯枝落葉，在土壤中加入碳，使得
空氣和根能輕鬆穿過土壤，並且讓土壤擁有海棉狀結構，能留存水和礦質
養分（以代表性的陽離子表示）。

入含碳量高的腐植質，讓原本無結構的土壤擁有海棉般的結構。
當然，腐植質也像海棉一樣會吸水，在夏季最炎熱乾旱的日子也
能留住水分。如果少了腐植質，而土壤主要由相對較大的砂質顆
粒組成，排水速度就會太快；但若土壤主要由相對較小的黏土顆
粒組成，排水速度就會太慢。

完全腐爛的落葉層有機質加入土壤中，可讓許多養分留存在植物根部能到達的地方。合成肥料無法讓土壤增添任何有機質。養分會和富含碳的有機質結合，若少了這些有機質，合成肥料中的養分很快就被淋溶出土壤，帶到植物根部無法到達之處。農人和園丁會種植覆蓋作物當作「綠肥」，餵食分解者。（第七章將更深入探討綠肥。）分解者不只會釋出覆蓋作物中的養分來餵養植物，也會把綠肥轉化為腐植質，改善植物根部的物理環境。分解者能混合有機質和礦物質，在土壤中開啟通道，讓空氣、水和其他土壤生物通行。

　　每次收成花園或農田土壤中生長的蔬菜，或是除掉雜草，這些植物從土壤中得到的養分也會被帶走。這些富含碳的有機質會像海棉一樣吸附水和礦質養分，若是將作物的殘骸從土地上清除，之後土壤也會失去有機質帶來的益處。如果作物的殘骸回歸大地，就能補充土壤中的養分，而光合作用時捕捉空氣中二氧化碳而得到的碳這種必需養分也會回到土壤，幫忙恢復土壤結構，讓水和其他養分留在植物根部能及的地方。

　　我們只要改變農業的作業方式，推廣用有機土壤當作全球暖化的解藥，就能有效地對抗空氣中二氧化碳濃度提高所造成的全球暖化。每一公噸的碳以分解中植物的形式回歸土壤，空氣中就會減少三公噸的二氧化碳。植物中的所有有機化合物都含有碳。而分解中的枯枝落葉富含碳這種養分。植物進行光合作用時，太陽的能量把水和空氣中的二氧化碳轉換成糖的化學能。接著糖成為原料，製造出植物的其他有機化合物（例如地球上最豐富的有機分子——植物細胞壁的木質素）。植物的這些有機化合物最初

都來自二氧化碳和水，最後成爲土壤碳的原料。二氧化碳這種溫室氣體中的碳原子，變成土壤碳中的原子時，大氣、土壤和地上地下的所有生物都會因此受益。

　　過去的園藝和農業施行法顯然濫用環境資源、無法永續，使得我們耗盡農業土壤中的碳，也讓土壤失去了結構、養分和留存水的能力。許多園丁和農人現在不只實行永續農業，也採用他們所謂的再生農業（regenerative agriculture）── 不只是維持土壤中現有的有機質，更持續在土壤中加入有機質。

糖的化學能量如何在植物體中移動？

　　植物用它們從太陽得到的能量，結合來自空氣的二氧化碳和來自土壤的水，製成富含能量的糖。這些糖代表的是轉換成化學能的太陽能。植物的養分和水來自地下的根部，但在生長季中，植物的含糖汁液來自地上的葉片；糖在冬天儲存於根裡。水從濃度高的細胞流向濃度低的地方，春天槭樹滴下的含糖汁液就是受到水的壓力推動。

　　春天裡，槭樹之類的樹長出樹葉之前，根裡的糖的濃度大於上方莖裡的濃度；水從根周圍的土壤被吸進根細胞時，滲透壓會讓汁液往上流。夏天裡，地上的葉子持續產生糖，地上更高處的韌皮細胞裡的糖分濃度比較高，於是在活躍地進行光合作用、產生高濃度糖分的細胞附近，水靠著滲透作用，從鄰近的木質細胞進入韌皮細胞。這些含糖量較高的韌皮細胞滲透壓增加，會使汁液持續流向生長發育中的細胞，那些細胞活躍地從韌皮管道提取

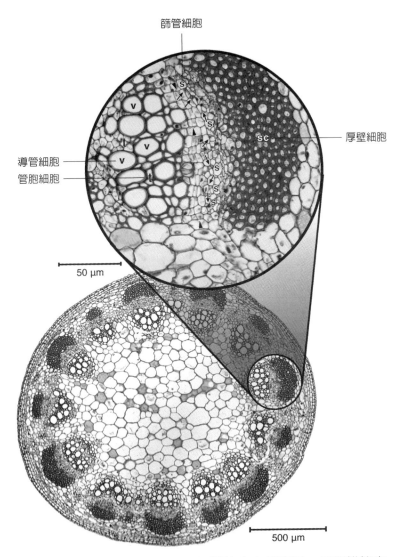

篩管細胞

厚壁細胞

導管細胞

管胞細胞

sc

50 μm

500 μm

圖5.9：向日葵莖部橫切面，莖裡的十三個維管束十分醒目。每個維管束中，形成層細胞區隔了韌皮細胞和木質細胞。插入圖：維管束的特寫顯示了形成層（三角箭頭處），向右分裂出韌皮細胞，向左分裂出木質細胞。分化的木質細胞（導管=v；管胞=t）中空，沒有細胞核和胞器。有些分化過的韌皮細胞（伴細胞，箭頭處）保有自己的細胞核和胞器，它們的姊妹細胞（篩管細胞=s）失去了細胞核，將其餘的細胞內含物移動到靠近細胞膜處，確保汁液可以不受阻礙地流動。厚壁細胞（sc）強化每個維管束的硬度，這些細胞按照預定死亡，但有支持力的堅硬細胞壁保存了下來。

糖分。

　　植物形成層的幹細胞持續分裂，產生組成維管系統的細胞——向莖的表面形成韌皮細胞，並且向莖內部形成木質細胞（上一頁圖5.9）。形成層分裂出的是未成熟的韌皮細胞和木質細胞，這些細胞必須經過一系列的發展變化，才會成熟為植物維管系統中功能完備的成員。韌皮細胞和木質細胞一樣，會形成空洞的細胞管道（篩管），輸導糖分和水分。木質母細胞在分裂形成分化的細胞之後，會形成空洞的導管和管胞，其中的細胞核、液泡和胞器都會消失。管胞只會留下細胞壁，成為水和養分流過的管道。木質部的導管細胞比較大，導管細胞不只失去活的內容物，分隔導管細胞的細胞壁也會消失，形成獨特的管道或管線。這些末端細胞壁分解之後，液體就能不受阻礙地沿著導管的管線流動。

　　木質組織的導管和管胞（p.95圖3.10）在分化時注定死去，但韌皮細胞成熟的過程不同（圖5.10）。韌皮母細胞會經歷不對稱分裂，形成一個較大的細胞和一個較小的細胞。較大的細胞注定成為篩管細胞，較小的細胞則注定成為篩管細胞的伴細胞。篩管細胞失去細胞核和液胞，剩下的胞器被限制在靠近細胞膜處，伴細胞則保留細胞核、液泡和胞器。伴細胞雖小，但比較完整，顯然會支持它的姊妹細胞——篩管細胞運作。篩管細胞為了輸導、加速汁液流動而變得空洞，末端細胞壁出現孔洞。每株植物的維管系統都是由形成層的少量幹細胞產生，運輸地上部、地下部和全株植物的水分、養分與多種化合物。

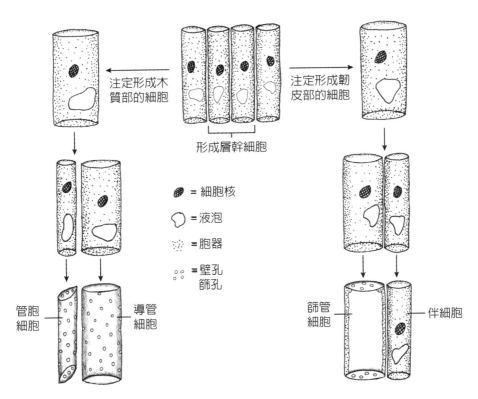

注定形成木質部的細胞

形成層幹細胞

注定形成韌皮部的細胞

=細胞核

=液泡

=胞器

=壁孔
篩孔

管胞
細胞

導管
細胞

篩管
細胞

伴細胞

圖5.10：這張圖追蹤了韌皮細胞和木質細胞的誕生、發展和成熟。

觀察

　　蚜蟲在花園蔬菜的莖葉上十分常見。注意一下這些蚜蟲的尾端常排出汁液，也就是蜜露。蚜蟲吸取運送糖分的韌皮細胞，就像我們劃開槭樹樹幹，收集汁液製成楓糖（p.157圖5.11）。我們用中空的塞子（插管）接收槭樹汁液；蚜蟲則是用中空的口器（口針，stylet）。

如果用小鑷子、小剪刀或指甲刀輕輕移除一些蚜蟲（注意：不幸的是，這樣會害死這些昆蟲），這些蚜蟲的中空口器（口針）時常會留下來，仍然插在運送含糖汁液的韌皮細胞裡，發揮像插管的功用，繼續冒出蜜露。這些口針就像用來汲取楓樹汁液的插管，一桶桶的汁液最後可煮沸濃縮成楓糖漿。

　　蚜蟲是乾淨的小昆蟲，所以你可以收集幾滴蜜露，做個新奇的味覺實驗。依據汁液從蚜蟲口針流出的狀況，汁液在韌皮細胞中流動的速度可能高達每小時 500 到 1000 毫升。汁液的含糖量有高有低；有些植物汁液的壓力比其他植物高，而蚜蟲如果吸食這些比較甜的汁液，就可能淌下更多蜜露。

💬 假設

　　以植物為食的動物，喜歡比較甜的植物嗎？或者沒這回事？蚜蟲靠著吸取植物汁液為生，從汁液中的糖分得到能量。所以蚜蟲應該最喜歡積極把光能轉換成糖分能量的莖和葉囉？這些健康、活躍的植物會用它們的一些能量，產生驅除昆蟲的物質嗎？甜汁液的分布和蚜蟲的分布有什麼關聯？汁液的糖分高低在植物體內有什麼變化？

　　十九世紀，一位德國工程師阿爾道夫‧布里克斯（Adolf Brix）發展出一個測量汁液含糖量的簡單方法，也就是用一種儀器測量光從空氣進入糖分濃度不同的水中所產生的折射。光從空氣進入水中時，前進的路徑會曲折，而曲折（折射）的程度和水中糖分的濃度成比例。糖度計（Brix meter, sugar-content meter）正是測量光線因為一滴植物汁液而折射的情形。取得植物汁液最理想的

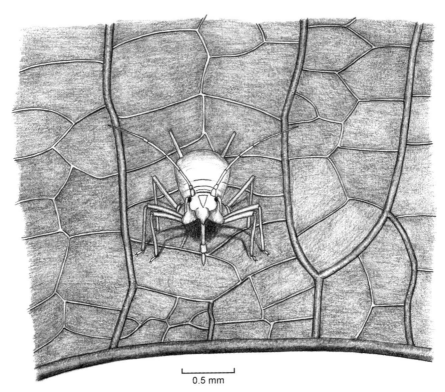

0.5 mm

圖5.11：一隻蚜蟲用中空的口針，從豆苗葉表面吸取富含糖分的韌皮液。

方式，是用壓蒜器把一疊葉子或一堆多汁的莖擠出汁。別忘了，光合作用和產生糖的過程都是在白天進行，白天葉子的含糖量會升高，所以在比較時，就要在一天裡的同一個時間、在相同氣溫下測量。

　　植物的含糖量如何影響植物對植食性昆蟲（例如蚱蜢、蚜蟲和毛蟲）的吸引力？大型的草食動物（例如牛、羊、人類）有

胰島素可處理所攝取的糖；但昆蟲吃進含糖量高的食物後，消化道可能受到滲透壓的衝擊。別忘了，任何化學物質的溶液在濃度高的時候，都會因為滲透作用而吸收周圍的腸道組織和血液的水分。於是水被滲透作用（osmosis，osmos＝推）「推」進昆蟲的消化道，在水從昆蟲的腸道細胞和血液進入其腸道的內容物時，可能造成肚子痛和消化不良。

有機栽培的牧草比較甜。農人聲稱他們的牲畜喜歡比較甜的草，但吃那些草的昆蟲（例如蚱蜢）喜歡的是含糖量比較低的草。種植有機、富含糖分的作物，是說服植食性昆蟲去吃其他牧草的溫和手段。

Chapter **6**

藤蔓、捲鬚、
葉和花的運動

Movements of Vines and
Tendrils, Leaves and Flowers

圖6.1：纏繞的葫蘆藤蔓中，攀爬的捲鬚不斷延伸、捲曲。黃色的黃瓜甲蟲（左上）覺得葫蘆素的氣味很香（這是葫蘆科植物產生的苦味化合物）。甲蟲下方有隻八字白眉天蛾，受到 花朵的香氣和甜美的花蜜吸引。瘤姬蜂屬（Pimpla）的寄生蜂（下）和寄生蠅（Belvosia，上中）不只在葉表搜尋毛蟲來產卵，也參與花朵授粉。草蛉的幼蟲（右中）爬過葉子，尋找最愛的獵物——蚜蟲和薊馬。

許多自然現象都引起生物學家查爾斯・達爾文的興趣，植物的運動也是其中之一。1875年，他在一本小書《攀爬植物的運動和習性》（*The Movements and Habits of Climbing Plants*）之中寫下他的細心觀察：「人們一直隱約認定，植物和動物的差別是植物不會動。應該說，植物的這種能力只有在對它們有利的時候，才會得到並展現這種能力；這種情況相較之下很罕見，因為植物固定在土裡，空氣和雨水會為它們送來食物。」

　　達爾文觀察到，有一類會攀爬的植物（例如蔓性菜豆），「會看到它們彎向一邊，然後隨著陽光移動，就像錶的指針一樣緩緩伸向羅盤的四面八方。」他稱這些攀爬植物為「纏繞植物」，因為它們會自動螺旋狀纏繞垂直的支撐物。達爾文在蔓性菜豆的莖旁邊做了小小的記號，然後在莖於生長點繞圓時，追蹤莖旁記號的位置。他量測生長頂點在空中繞一圈的時間，發現即使它們沒有和任何物體接觸，也會發生這種自然運動。豆苗的頂端在幾乎剛好兩小時裡繞了完整的一圈。

　　達爾文也觀察到，另一類的攀緣植物是「天生具有敏感的器官，一碰到任何物體就會緊緊握住」。這些敏感的器官「自發性地旋轉，動作穩定」，許多「源自特化的葉」。一旦接觸到物體，會「迅速彎向接觸到的那一側，事後會恢復原狀，可以再次反應」。捲鬚在確保立足處之後，就會「迅速捲起，緊緊抓住。在幾個小時之內，會收縮成尖塔狀把莖拉過來，活像一個彈簧。之後所有活動都靜止下來。生長之後，那些組織很快就變得異常強韌。捲鬚完成了任務，作法令人歎服」。

植物運動的步調緩慢而悠閒。我們時常匆忙地處理日常事務，花園裡的植物雖然也會動，卻幾乎慢到感覺不出來，穩定而慎重。我們可以用加速的縮時攝影，捕捉種子萌芽、花朵綻放、藤蔓纏繞、捲鬚捲曲時緩慢而優雅的動作。也可以記錄植物在一天之中沿著軌跡運動的位置，耐心觀察植物的軌跡。

纏繞、旋轉、健美操

🔍 觀察

　　把一顆蔓性菜豆種子播到圓形花盆的正中央。等到最初的兩枚葉上長出又瘦又長的莖，就開始注意莖幹的尖端，以及尖端正在形成的細小新葉。開始在花盆邊貼上膠帶，標記莖尖在花盆圓周上的運動（圖6.2）。接下來的一個小時中，每15分鐘檢查並標記一次莖尖的位置。豆莖尖端總是朝同一個方向移動嗎？是順時針或逆時針？

　　蔓性菜豆在最初兩枚葉上方的生長頂點雖然會旋轉，但那兩枚葉則是按著一定的規律上下擺動。誰猜得到植物看似文風不動，卻那麼頻繁地動來動去呢？隨著時間過去，豆苗會做健美操，而葉子會上上下下地運動（圖6.3）。把尺或直桿子豎在最初的一枚葉子旁，但不要碰到。每隔15分鐘，在尺上畫上小標記，標示葉緣的位置。葉子移動的方向會倒過來嗎？是什麼時候倒過來的？

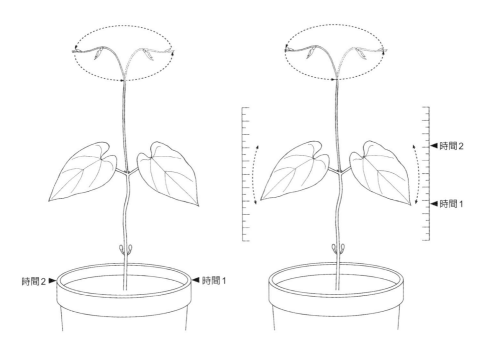

圖6.2：豆莖的生長頂點緩緩畫圈旋轉。可將生長頂點在不同時間點的位置，標示在花盆的邊緣。

圖6.3：一株豆苗持續緩慢運動；葉片規律地起伏，生長頂點一圈圈旋轉。在直立的尺上標記葉片在不同時間點的位置，就能計算葉片運動的速度。

💬 假設

　　如果把直立的桿子豎在旋轉的豆莖旁邊，會發生什麼事？豆類和其他纏繞植物螺旋繞著桿子的時候，有沒有偏好的方向（順時針或逆時針）？如果小心地把一個重量輕的東西（例如迴紋針）放在一枚或兩枚規律上下移動的葉子上，會發生什麼事？葉子會不會繼續運動？動的速度一樣嗎？

捲鬚和接觸

其他類的攀緣植物藉助對於接觸相當敏感的器官（捲鬚）來活動。捲鬚和物體接觸之後，會包握住那個物體。黃瓜、葫蘆和豌豆苗都會長出捲鬚，這些捲鬚對再輕的接觸都很敏感，會彎向捲鬚碰到東西的那一側。

🔍 觀察

輕得像是把一圈細線掛到筆直捲鬚尖的接觸（圖6.4），很快就會觸發捲鬚的抓握反應，捲鬚繞著線捲成圈環。所以植物部位會因應光線、碰觸和重力而轉彎。

💬 假設

直立的豌豆捲鬚被手指碰一下就會捲曲，還是只有像線圈那樣持續的接觸才有反應？（用顯微鏡）仔細看看莖、捲鬚、花瓣和根彎曲的情形，或許能揭露彎曲處兩側的細胞有沒有可見的差異（p.166圖6.5、p.167圖6.6）。細胞之間的這些差異，如何解釋豌豆捲鬚或蔓性菜豆莖的彎曲情形？一種或多種植物荷爾蒙如何參與捲鬚的捲曲？

花、葉和枝條的日常運動

你看過一株蒲公英或牽牛花，如何開始及結束它的一天嗎？觀察這些鮮豔的花朵對它們周圍的世界有什麼反應。在寒冷的陰天，蒲公英的花朵維持閉合；等到太陽出來，所有花瓣才會展

圖6.4：豌豆苗筆直的捲鬚對
觸碰非常敏感，即使一圈線也
能觸發。它會對接觸到的第一
個堅硬物體產生反應，開始彎
曲、捲繞。

開，迎向太陽。溫度、光線、空氣濕度這些環境因素之中，哪一
種（或全部）導致了蒲公英花的行為？

　　每個春、夏的日子中，牽牛花原本展開的花瓣在閉合之後，
會等到下一次日出才會再綻放（p.168圖6.7）。另一方面，紫茉
莉（紫茉莉屬，*Mirabilis*）依賴夜行的蛾類幫忙授粉，所以等到
傍晚才綻放，直到隔天早晨才閉合。日出時綻放和日落時綻放的
花朵，對同樣的環境提示有截然不同的反應。

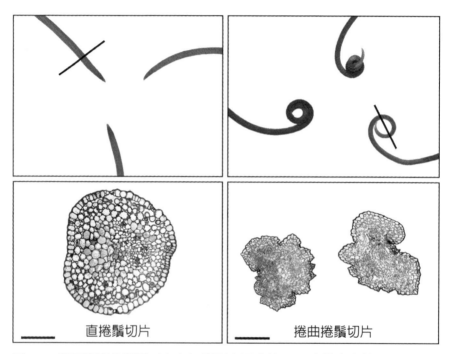

直捲鬚切片　　　　　　　捲曲捲鬚切片

圖6.5：豌豆直直的捲鬚（左上）碰到東西之後，迅速變成捲曲的捲鬚（右上）。在這些捲鬚的兩個位置（黑色直線標示處）的組織做薄切片。檢視這些切片，可以看到組成捲鬚的細胞在捲鬚伸直（左下）到捲曲（右下）的過程中，經歷了怎樣的變化。（比例尺=100μm。）

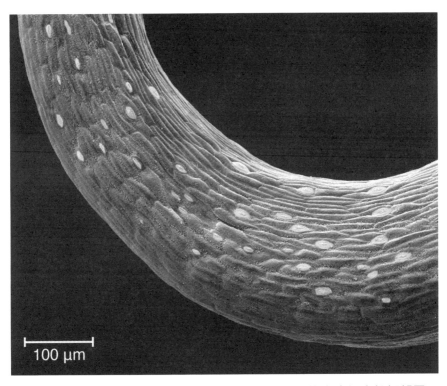

100 μm

圖6.6：葫蘆捲曲的捲鬚特寫，展現了整條捲鬚表面的表皮細胞如何朝同一個方向伸展。捲鬚的表皮細胞之間有大量的氣孔（淺色部分），由此可見捲鬚其實是特化的葉。達爾文和他當代的科學家指出，捲鬚具有所有葉片演變成的植物器官特徵。

圖6.7：田旋花這種牽牛花的花朵，會在早上綻放（左）。隨著一日漸漸過去，喇叭狀的花朵收工閉合（中、右）。收合、展開的一組鏡頭，正好展示了花朵的摺疊運動。

　　許多植物的葉和花，會隨著光和暗的時間同步起伏。由於這些運動和光暗週期緊密連結，因此稱爲「睡眠運動」（圖6.8）。白天裡，葉子呈水平，但夜幕降臨時，葉子垂直垂下。豆類和三葉草的葉子，以及莖直酢漿草（酢漿草屬，*Oxalis*）和苘麻（苘麻屬，*Abutilon*）等雜草的葉子，會隨著日光消長而上下擺動。

　　葉的運動和許多的植物運動一樣，是受到水分進出個別植物細胞的液泡而控制。水進入液泡時，細胞膨壓上升，使得細胞擴張；水離開液泡時，細胞的膨壓下降，於是細胞縮小。葉子各處數以百計的細胞擴張，使得葉片呈水平，這些葉部區域同一批細胞的收縮，則會使葉片垂直垂下。

　　樹木在日出、日落中進行睡眠運動時，甚至整棵樹的整根分

圖6.8：同一株四季豆苗拍攝於早上（上）和傍晚（下）的照片。

枝都會動。一日將盡時，樹木會休息，讓分枝垂下，直到隔天早上才抬起。科學家在平靜無風的日子裡的不同時刻，用雷射光束掃描樺樹的分枝，精確測量了分枝的運動，發現整根分枝會在一天之中升高、下降。在用雷射掃描整棵樹後，一致地測量到每天晚上分枝會下垂，然後白天再度升高，擺動的幅度大約10公分。

　　從前，我們覺得只有動物才會動，但細胞膨壓改變以及隨之而來的細胞體積變化（不論發生在豆類葉子的數百個細胞內，或是樹木分枝的數百萬細胞內），都能使植物擁有運動的能力。

🔍 觀察

　　玉米田裡，玉米葉每天隨著日升日落，規律地捲起、展開。早晨的天空裡，太陽逐漸升高，玉米葉會捲起，以免葉表接收到正午陽光的高溫，之後隨著太陽在空中落下，玉米葉又展開。玉米葉的這種日常運動，能減少葉片和植株每日曝露於乾熱的陽光下的時間，以保存寶貴的水分。當葉背擴張得比葉表多，平坦的玉米葉就會捲起（圖6.9）。

💬 假設

　　你覺得如果比較捲起葉片和展開葉片的橫切面，會發現哪些不同？圖6.9（下）是捲起葉片和展開葉片的橫切面；你觀察到哪些細胞的差異可能使葉片捲曲？葉部細胞尺度的這些差異，可以解釋葉片的捲曲，但要如何解釋葉部細胞的差異是怎麼發生的？

　　別忘了，植物細胞擁有堅固的細胞壁，能輕易吸收、排出水分；植物細胞能擴張、收縮，不會漲破或萎縮。這些細小的細

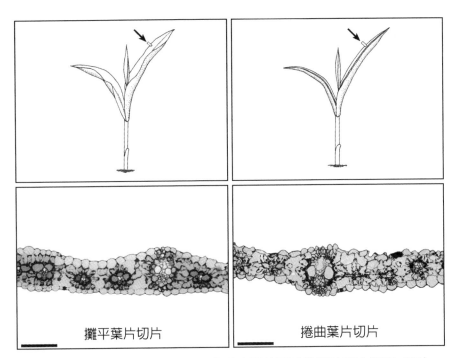

圖6.9：乾燥炎熱的日子裡，早晨水分充足的玉米株葉片原本攤平（左），不久就捲曲（右）成下午的模樣。如果我們把這兩片玉米葉組織切下小小的薄切片（在各株植物的切片葉子上，以小箭頭和長方形標示），可以在下面的兩欄看到水和陽光不同時，各片葉子的細胞有什麼反應。（比例尺=100μm。）

胞縮小、擴張，會演變成數以千計的細胞組成的整個組織（例如葉、葉柄和花瓣）的運動。

🔍 觀察

所有植物都會從土壤深處，將水分和溶於水中的養分，運送

到最上方的葉。這種大規模、長距離的液體移動，完全不需要植物消耗自己的能量。多虧了太陽的能量，水分會從葉表的眾多小孔（也就是氣孔〔stomata，stoma＝口〕）蒸發出去。水分從葉子表面蒸發，稱為植物的蒸散作用（transpiration），就像動物流汗那樣。

從葉部逸散的水分，對植物下方的水分有股拉力。一杯水裡，中空吸管上端的水被吸走，就會把杯子裡的水吸進吸管裡，並且往上抽。每株植物都有許多「吸管」，這些吸管是中空的細胞頭尾相連，形成從根尖延伸到葉尖的管道。這些中空的木質細胞是運輸系統的一部分（維管系統），向上輸導水和養分（見p.95圖3.10；植物維管系統的這些細胞，在第二、三、五章有更多圖示和深入的討論）。

有些人砍下自家的聖誕樹，然後把樹幹切面浸在一盆水裡以保持聖誕樹新鮮，他們會發現，一小棵樹即使被切除了根部，竟然還能從基部送那麼多水到葉部（每天至少一公升）。在溫暖的夏季，大樹的木質細胞會從土壤運送大約400公升的水到葉尖。

沒葉子的芹菜莖和胡蘿蔔根，如果基部浸在染劑溶液裡，染劑會沿著莖和根往上送，清楚地突顯它們的木質管道，就能展現出它們蒸散作用的絕技。這些芹菜莖和胡蘿蔔根少了葉和氣孔，而它們的蒸散能力顯示了氣孔不是蒸散作用必需。不過，芹菜莖和胡蘿蔔根都有木質管道，兩端分別在頂部和基部。

不同的葉片上，氣孔的數量和密度有別（圖6.10），但不論如何，數目都很驚人。櫟樹葉每平方公分有10萬個氣孔，估計每片葉子有500萬個氣孔。玉米葉每平方公分有6588個氣孔，估計

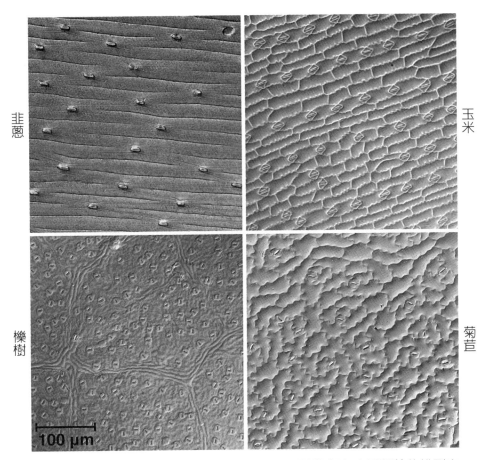

圖6.10：葉子表面的氣孔呈規律的排列。每種植物都有自己獨特的排列方式，而每個氣孔兩旁都有保衛細胞。
上排左到右的單子葉植物：韭蔥和玉米。
下排左到右的雙子葉植物：櫟樹和菊苣。

每片玉米葉有100萬個氣孔。這些數不清的氣孔就像守門人,水和氧氣從氣孔排出,而二氧化碳也是從氣孔進入——二氧化碳是光合作用不可或缺的原料。葉面上無數氣孔的開合,不只控制了植物蒸散葉子中水分、補充環境中氧氣的速率,也控制了植物吸收二氧化碳氣體的速度。

在第五章提過,植物需要防止水分散失,也需要吸收二氧化碳;炎熱乾燥的日子裡,平衡這兩種需求是植物的兩難,而有些植物採用特殊的光合作用方式,聰明地解決了這個問題。無數的氣孔和包圍氣孔的兩個保衛細胞,對於整株植物的健康非常重要,因此打開氣孔吸收二氧化碳以維持光合作用運作的需求,永遠會牽制關上氣孔保存水分的需求。

高溫和乾旱是植物在乾燥炎熱的日子裡必須面對的逆境。根部從地下供應水分,如果遇到危險的乾旱狀態,會傳送一種化學信號給葉子,以減少葉子氣孔失去的水分。從根送到莖的長距離信號,是用途廣泛的荷爾蒙——離層酸。在這些環境條件下,離層酸會促進開關氣孔的兩個保衛細胞失去水分而縮小,而在兩個保衛細胞因離層酸而縮小後,氣孔便關閉,防止逆境中植物的葉和莖繼續散失水分。

達爾文發表攀緣植物研究的五年之後,和他兒子法蘭西斯發表了《植物運動的力量》,觀察植物的這些運動多麼普遍、一體適用。「所有植物的所有部位顯然都不斷在做迴旋轉頭運動(circumnutating,circum ＝ 周圍;nuta ＝ 點頭、搖晃),只是範圍通常很小。」

植物顯然知道周遭的狀況,有著類似人類和其他動物的感

官。我們知道植物對觸碰、光線、冷熱、空氣中的化學物質有反應；所以植物如果真像許多人聲稱的那樣，對音樂有反應，或許也沒那麼難以置信。

Chapter 7

雜草的智慧：
植物面對逆境
給人的啓發

Wisdom of the Weeds:
Lessons in How Plants
Face Adversity

圖7.1：蟾蜍和老鼠在探索花園周圍的雜草。牠們和無數的昆蟲分享堇菜、蒲公英和田旋花，大部分的昆蟲太小，不放大就看不到。

在田旋花的雌蕊與雄蕊間，藏著某種細小的昆蟲——薊馬。薊馬身長約一公釐，靠著田旋花的花粉為食。田旋花葉表的洞是金龜金花蟲（右上）和幼蟲啃食的痕跡。

雜草何以是雜草？雜草被視為雜草，只是因為它們長在不該長的地方；我們在草坪或花園之外的地方看到雜草，不會覺得難看或有害，通常覺得漂亮、可口、有用。雜草和我們在花園裡珍視、滋養的植物，在分類上屬於同一科。菠菜和莧都屬於莧科；萵苣、蒲公英、羊帶來和豬草都是菊科的成員。但大部分農人和園丁普遍對雜草抱著非常負面的態度。農業和園藝材料行的除草劑取得容易、選擇眾多，反應了一般對雜草的敵對態度。

　　如果說現代人和雜草的關係通常令人厭惡，那麼我們祖先的觀點就比較平衡，沒那麼偏頗。英國博物學家理查‧梅比（Richard Mabey）寫了一本有趣的學術書籍，在書中詳述了對雜草的愛恨如何塑造了過去的人類歷史。我們的祖先為了控制雜草，或許曾在農田裡辛勤工作；然而，他們眼中的雜草是上天的設計，因為雜草能當人類的草藥，而且人們普遍認為雜草能預知未來。

　　雖然傳統的看法堅持雜草將功贖罪的益處微乎其微，但雜草在花園裡其實有許多有用的功能。假設這些惡名昭彰的植物有功能，那麼檢驗這個假設，就可能澄清一些長久的誤解和偏見，發現我們原來污蔑了這些沒人愛的花草。

　　數十年前，約瑟夫‧柯坎諾（Joseph Cocannouer）教授的著作，《野草：土壤的守護者》（*Weeds: Guardians of the Soil*）就闡釋了雜草未被頌揚的一些優點：

- 保護土壤，避免土壤受到侵蝕。
- 用根系鬆動扎實的土壤，改善土壤結構。

- 補充土壤中的有機質。
- 雜草根系的深度超過作物的根系，因此能提取土壤深處的礦物質。
- 滋養及恢復土壤中的生命。
- 留存並回收養分，阻止養分淋溶流失。
- 移除大氣中的二氧化碳，加以保存。
- 為大大小小的生物提供棲地，對生物多樣性有益（圖7.2）。
- 反映土質。

　　要對付雜草，尊重和共存或許是更健康、更經濟的辦法。每個花園都有自己的雜草，明智的園丁樂於接納雜草的恩賜與智慧。比起用旋轉式耕耘機和除草劑對雜草宣戰，與少數雜草共存、了解雜草的生存之道，或許能帶來比較多的園藝收穫。

Ex uno plura，「一分為眾」

　　許多植物一旦被切碎、鋤過、連根拔起，就無法存活；但是對某些雜草而言，這些兇狠的對待只是提高了它們生存甚至繁殖的機會。有些雜草具有像馬鈴薯的塊莖和大蒜的特徵 —— 擁有地下莖（rhizome）和鱗莖，這些部位都有多個含有分生組織的芽，能夠神奇地長成一整株植物，即使受到此等虐待，仍然能散布、繁茂。

　　從雜草母株分離出來的每一塊莖或鱗莖，無論大小，只要上面至少有一個芽，就能萌芽、長成一株新的植物。一株植物可以

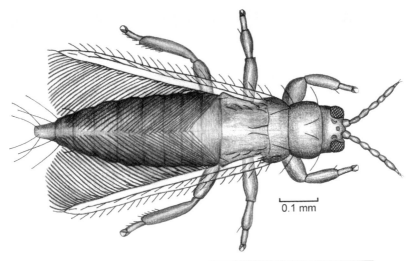

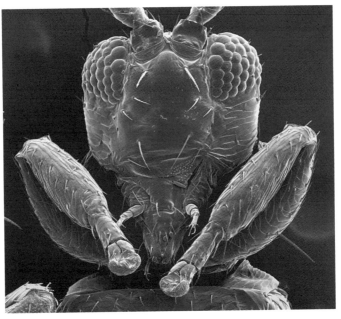

圖7.2：不論是不是雜草，它的花裡通常都會有薊馬。薊馬多到數不清，而顯微鏡揭露了一隻薊馬（上）複雜但不為人知的面部特徵（下）。

薊馬為附近花園中許多昆蟲守護者提供了營養的食物，雖然這點食物在我們的肉眼裡看起來不比句末的句點大多少。薊馬體現了藏身雜草中的昆蟲生命，具有豐富的多樣性。雜草中也住著各式各樣的益蟲——肉食性昆蟲和寄生昆蟲，能控制植食性昆蟲的活動。

迅速變成許多株——「一分為眾」（Ex uno plura，這恰好是美國國徽上「合眾為一」〔E pluribus unum〕的相反）。

🔍 觀察

　　有些雜草「雜」得很醒目；有三種植物因為韌性和一貫的機智，而在雜草中名列前茅。這些雜草之所以那麼成功，是因為它們有別於大部分的植物，即使整株植物被連根拔起、鋤進土裡，甚至碾碎、丟在太陽下曬乾，都能從被切碎的莖或根的幾個幹細胞重新長出整株植物。

　　幹細胞的策略配置，導致幾乎這些植物的任何片段都能從試圖根除它們的各種手段中存活下來。鋤過、踩過、耕過之後，田旋花（旋花屬，*Convolvulus*）、狗牙根（*Agropyron repens*）和馬齒莧（馬齒莧屬）這類植物，會像神話中的鳳凰一樣，從母株切碎的片段中重獲新生。

　　狗牙根的俗名有二十幾種，學名也至少有三種——*Elymus repens*、*Elytrigia repens* 和 *Agropyron repens*。狗牙根之類的植物，在禾本科中的地位就連植物命名專家之間都無法得到共識。不過至少大家都同意，這種草的地下莖會在地下匍匐、散布（圖7.3），因此種名 *repens*（＝匍匐）最適合。我個人偏好以 *Agropyron* 做為這種草的屬名，因為這個名字（agro ＝田；pyron ＝火）傳達了這種草的地下莖能「匍匐」過田野的速度。

　　狗牙根的整條地下莖上，每2.5公分到5公分就有節點，而每個節點都有芽可以長出根和莖。這種別名眾多的雜草，即使被鋤過、噴藥、拔除，只要有一個節點和上面的分生細胞存活下來，

圖7.3：狗牙根整條匍匐的地下莖有許多節點，分布密集。

就能續存。

　　田旋花這種牽牛花（p.168圖6.7、p.178圖7.1）成功的另一個祕密是地下的儲藏。田旋花的嬌小粉紅花朵和精緻的箭形葉子，掩飾了它在地下健壯的身形。田旋花的花和葉只長出地上2.5公分到5公分，根卻在地下蔓延到超過100倍長。根可以鑽到6公尺深，一個生長季就能側向蔓延到3公尺遠。

　　馬齒莧的莖部就算被耙子或鋤頭切斷之後，都有幹細胞能發根（下一頁圖7.4）。這些根從植物反常的部位冒出，稱為「不定根」（adventitious root，adventicius＝在外部產生）。由於那些雜草能在預料之外的地方形成根細胞，擁有絕佳的適應力，在最艱苦的環境都能生存。你覺得馬齒莧的哪些分生區域，提供了會分

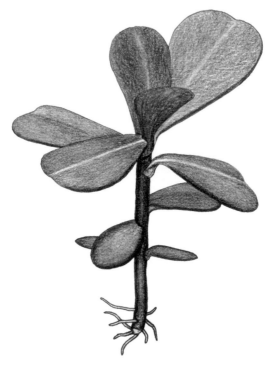

圖7.4：不論馬齒莧的莖斷在哪裡，分生組織幹細胞都會長出不定根，使這種雜草擁有被拔起、踩踏、切碎之後仍然能復活的神奇能力。

裂形成這些不定根的幹細胞呢？

董菜、蒲公英、美洲商陸、藜和馬齒莧這些雜草，除了擁有前述種種沒人領情的土壤改良優點，還因為誘人的風味和營養價值而受到喜愛——至少在早春它們莖部柔軟甜美的時候。

比方說，馬齒莧恰好是色彩繽紛、清脆又富含養分的雜草，春天和整個夏天都能當作加倍健康美味的園藝蔬菜，適合做沙

拉、湯品或拿來炒青菜。博物學家兼作家亨利・大衛・梭羅在 1854年，在華騰湖畔（Walden Pond）那段自給自足的日子中，發現馬齒莧多麼美味。「我光用馬齒莧做一道菜，就做出一頓令人滿意的晚餐，而且是在許多方面令人滿意……我在我的玉米田裡摘下來，煮過、加鹽。」要是梭羅知道最近有些研究發現馬齒莧除了大量的維生素 A、B、C和E，還含有高濃度的 ω-3脂肪酸，或許會更常吃馬齒莧。

假設

雜草能告訴我們許多和土壤狀況有關的事，包括土壤的肥力、酸性或鹼性、濕度和結構。科學家斐德列克・克萊門茨（Frederic Clements）以研究植物和環境的關係聞名，他強調：「每株植物都是一個指示劑。」有雜草當指標，我們就能針對雜草生長的土壤，做出改良土壤的聰明決定，或是用需要相同土壤狀態的蔬菜取代雜草。

特定的雜草提示了它們生長的土壤狀態。許多雜草（例如蒲公英、毛蕊花〔屬於玄參科的毛蕊花屬〕、酸模和小酸模〔都屬於蓼科酸模屬〕和車前草）似乎在酸性土壤欣欣向榮，那裡的表土缺乏鉀、磷、鈣和鎂，但這些雜草卻能把根深深往下送，到達這些養分淋洗到的底土。

其他雜草（例如獨行菜〔十字花科獨行菜屬〕、剪秋羅〔石竹科剪秋羅屬〕、野胡蘿蔔〔繖形科胡蘿蔔屬〕）的出現，則表示土壤太鹼了。大戟、蓼、歐洲菊苣、田旋花、狗牙根和野芥菜，都生長在結構不佳的緻密土壤；馬齒莧、繁縷（繁縷屬）、藜

（藜科藜屬，*Chenopodium*，cheno ＝鵝；pod ＝腳）、豬殃殃（茜草科豬殃殃屬）、莧（莧科莧屬），卻最適合生長在非常肥沃、結構良好的土壤。

雜草不只能提供線索，讓人知道土壤供應化學養分的情形，也能讓人知道那處土壤中的有機質含量和海棉狀的程度。

通常只要改善土壤結構、在土壤中加入健康的養分，不用施加不健康的除草劑，就能做到雜草控制。其實有各種聰明又健康的方法可以掌控雜草，用不著使用有毒、有害又昂貴的化學物質來控制。比起用除草劑控制雜草狀況，這些方式比較有創意、好處多多，而且成效令人滿意。既然由雜草看得出土壤狀況，也可以考慮挖起雜草，用喜歡同樣土壤狀況的蔬菜或花來代替。

施用木灰不只能在表土加進豐富的必需養分──鉀、磷、鈣和鎂，也能改善土壤狀態，更適合喜歡土壤不太酸的某些植物。加入木灰總是會降低土壤的酸性，也稍稍提高土壤的pH值。木灰會抑制喜歡酸性土的雜草。在種下植物之前，就要把木灰均勻撒在土壤表面。每100平方公尺填加24公斤的木灰，可提供木灰中最豐富且所有植物都需要的四種礦質養分；但不同植物偏好的各種養分之多寡並不相同。

花園裡的三葉草常被視為雜草。三葉草屬植物和那一大科裡的其他成員（包括豌豆、豆類和苜蓿）一樣，根上有根瘤，其中住著根瘤菌，擁有吸收空氣中氮氣的神奇能力（植物無法利用氣體形式的氮），可以把氮氣轉換成植物能利用的各種形式，例如氨和硝酸。（第十章會進一步探討三葉草和它們的親戚產生氮肥的能力。）

這種將四分之三的空氣變成氨和硝酸的轉換，稱為固氮。所有生物中，只有細菌有這種耗能的神奇能力。三葉草的根多虧了細菌夥伴，擁有內建的含氮養分來源，因此能在含氮量低而其他植物難以生長的土壤中欣欣向榮。在花園土壤裡加入富含氮的糞肥，能幫助其他植物來跟三葉草競爭。

糞肥跟木灰一樣，也是鉀和磷的良好來源，不過糞肥也擁有木灰中缺乏的氮和有機質。新鮮的糞肥裡，水的含量不少。在花園中施加糞肥的時候，在同樣面積施用的糞肥重量，大約是木灰建議量的六、七倍（每100平方公尺146到171公斤）。挑選以苜蓿、梯牧草為飼料的馬所排出的糞便，就能確保糞肥中不含雜草種子。

在花園裡設四小塊試驗區。在種植蔬菜前至少一個月，就要把試驗區準備好。每一區施加下列的添加劑，然後比較每一區在春天、夏天的雜草生長情形。施用木灰和糞肥之前，用鋤頭除去雜草；但不要深耕而擾動土壤（例如使用旋轉式耕耘機），那樣會把深埋的種子帶到土表，促使那些種子發芽。此外，下層土壤中許多參與園藝事業的生物，不喜歡牠們的棲地受到犁或旋轉式耕耘機的刀片大規模劇烈擾動。

1. 只有木灰
2. 只有糞肥
3. 木灰＋糞肥
4. 無添加

這一系列的花盆檢驗了我們的假設：充足的礦質養分和有機質添加劑，可能抑制一些或大部分的雜草在花園裡生長。

雜草如何對付競爭對手

生態學不只研究生物和環境的互動，也研究生物之間的互動，其中許多生物後來被發現是彼此的競爭者。而化學生態學則是研究調節這些互動的簡單化學物質——二次代謝物。

代謝物包括所有參與生物體內化學變化的化學物質。植物繁殖、生長和發育不可或缺的基礎代謝物（例如胺基酸、荷爾蒙和維生素）稱爲「一次代謝物」。此外，植物生來具有的精美化學組，據估計包括大約二十萬種化合物，雖然並不是生存必需，但對植物和環境的溝通仍然很重要。這些化合物稱爲植物的「二次代謝物」，包括色素、引誘劑、忌避劑和抑制劑，其中許多（除了它們與昆蟲和其他植物的無數互動之外）對我們的醫藥和健康飲食也不可或缺。

植物體內的二次代謝物相互影響，而成功的雜草有個祕密，它們的種子能抑制附近的植物發芽，減少陽光、水分和養分的競爭者。一種植物抑制另一種植物生長的情形，稱爲「相剋作用」（allelopathy，allelo＝彼此；pathy＝傷害）。而參與這種抑制作用的二次代謝物稱爲「剋他物質」（又稱「種間交感物質」，allelochemical，見附錄 A）。

咖啡樹和茶樹中的咖啡因（caffeine）這種化學物質能防止疲憊，刺激人類活動，但在植物的生命中扮演了非常不同的角色。

咖啡因是單純的化學物質，一些植物的組織會自然產生咖啡因，以防止昆蟲和真菌攻擊，是天然的殺蟲劑。發芽的咖啡和茶樹種子所釋放的咖啡因，也能抑制附近的植物發芽，以免那些植物來競爭陽光、水分和養分。

產生這些化學抑制物的種子，在沒用到這些化學物質時，會小心儲藏著。當種子釋放這些化學物質到周圍土壤時，為了避免抑制自己發芽，也會產生其他的化學解毒劑，使它們遇到的化學抑制物失去活性。

💬 假設

蕪菁種子和十字花科其他植物（例如青花菜和蘿蔔）的種子一樣，放在溫暖室內的潮濕表面，兩、三天之後就會發芽。這些種子很適合研究咖啡因這類天然化學物質對種子發芽的影響。而咖啡因則是最適合做實驗的化學物質；雜貨店裡的即溶咖啡就有含咖啡因和不含咖啡因的包裝。

在發芽實驗用的培養皿中，放進少量的含咖啡因即溶咖啡，控制組則放進等量的無咖啡因即溶咖啡，這樣就能簡單地檢驗咖啡因能抑制種子發芽的假設。在兩個直徑10公分的培養皿中各放進一張濾紙。在20毫升的蒸餾水中加入1公克的含咖啡因咖啡，另外20毫升的蒸餾水中加入1公克的無咖啡因咖啡。在兩個培養皿裡的濾紙上，分別倒上足量的兩種溶液，潤濕濾紙（大約5毫升）。接著在兩個培養皿中各撒進大約50粒蕪菁種子，注意發芽的跡象。

狗牙根除了一般雜草的好處之外，據說也有自己的剋他能

力，為了檢驗這種名聲是否屬實，我們可以把不同的植物用壓蒜器萃取出汁液，比較蕪菁種子在不同植物汁液中的反應。

用壓蒜器壓出半茶匙下列植物的汁液：（一）狗牙根的地下莖；（二）蒲公英的莖；（三）萵苣葉。把植物汁液分別加進5毫升的水裡，然後用這些水潤濕直徑10公分的培養皿內的濾紙。接下來，在每個培養皿的濕潤濾紙撒上50粒蕪菁種子。測試不同植物汁液對蕪菁種子發芽的影響，這或許是評估各種雜草甚至花園蔬菜剋他能力的簡單又有效的方式。

讓種子廣為散布

雜草種子成功的另一個祕密是，它們不但能產生許多種子，還盡可能讓這些種子遠遠散布出去。一株莧（和菠菜同一科的植物）一個夏天能產生高達20萬顆種子。這種能力的紀錄保持者可能是馬齒莧，一個植株最多能產生24萬顆種子。

然而，如果雜草種子發芽的環境狀況非常不理想，這些種子都能停止發芽，在休止狀態存活數十年之久。莧和豬草的種子曾經在休眠四十年之後被喚醒；酸模和月見草的種子曾經休眠七十年之後萌芽。大部分的種子和第一章提到的西伯利亞凍原上蠅子草的古老種子不同，絕對無法休眠三萬兩千年；不過土壤在幾年內就能累積大量有活力的雜草種子。

讓種子散布得又遠又廣，是一些成功雜草的策略。其中有些雜草演變成藉助風力和水來傳播。蒲公英、薊草和馬利筋都有輕飄飄帶絨毛的種子，會被風的氣流吹起；許多細小的種子（例如

馬齒莧和狗牙根）很輕，浮力佳，可以被雨或融雪的水流帶走。

　　雜草不只藉助天候，也靠野生動物傳播。有些植物投資能量在形成特殊的結構上，以便在氣流或水流中飄浮，或是附著在走動的生物身上，或吸引動物吃下部分的果實或種子的附屬物，但不會吃到種子裡未來的植物（胚）。

　　一些雜草的種莢或果莢會爆裂，華麗地示範了自主散播（autochory，auto＝自己；chory＝散布），也就是只靠植物自己來傳播。不過，這種自主傳播的機制時常藉助螞蟻來加強，稱為「蟻媒種子傳播」（myrmecochory，myrmex＝蟻；chory＝傳播）。

　　有些種子含有蛋白質和富含脂質的結構，也就是油質體（elaiosomes，elaion＝油；soma＝體），它富含能量，能吸引螞蟻（下一頁圖7.5）。油質體來自種子或種子外果實的特化細胞。螞蟻收集這些油質體當作蟻群的食物時，會把剩下的堅硬種子丟在螞蟻巢的垃圾堆。螞蟻的家園是友善而養分豐富的環境，這裡的種子找到熱情的家，往下送出最初的根，有時遠在母株許多公尺之外的地方。

　　大大小小的動物都被徵召為傳播種子的媒介。鳥類、老鼠和牲畜大啖雜草種子，之後雜草種子在牠們的糞便中發芽，而且時常離母株很長一段距離。許多雜草會附著在毛皮和衣物上，而且從名字就能看出端倪，例如羊帶來（cocklebur，蒼耳屬）、牛蒡（burdock，牛蒡屬）、山螞蝗（tick trefoil，山螞蝗屬）、假鶴虱（stickseed，假鶴虱屬）和鬼針草（beggar-ticks，鬼針草屬）。這些種子都具有微小的勾子，緊勾住任何質地不光滑平順的動物體表或人類衣物（p.193圖7.6）。

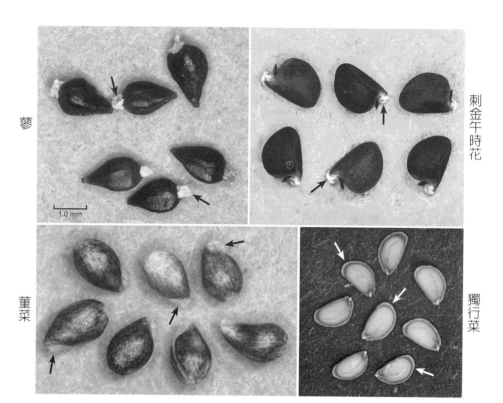

圖7.5：許多雜草種子上的油質體（箭頭處）吸引螞蟻把這些種子搬去別的
地方；那些種子要是留在原處，很可能永遠不會發芽。
上排左到右：蓼（蓼屬）、刺金午時花（金午時花屬）。
下排左到右：堇菜（堇菜屬）、獨行菜（獨行菜屬）。

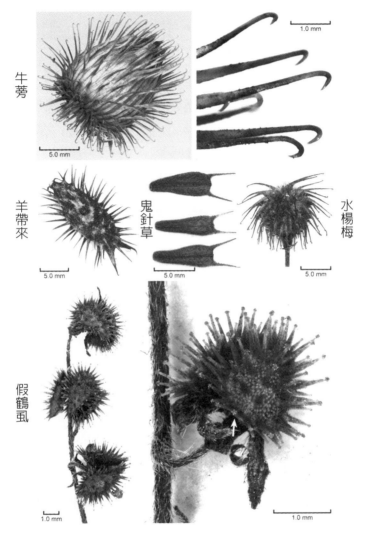

圖7.6：雜草種子藉著又刺又黏的種皮，牢牢抓住路過動物的毛皮或衣物，時常可以傳播到離母株很遠的目的地。

上排：牛蒡（牛蒡屬）和牛蒡鉤子的特寫。

中排（左到右）：羊帶來（蒼耳屬）、鬼針草（鬼針草屬，*Bidens*，bi＝二；dens＝牙），水楊梅（水楊梅屬）。

下排：假鶴蝨（假鶴蝨屬）的幾枚刺果，和兩枚刺果的特寫。假鶴蝨屬的刺果稱得上是最頑固的刺果；刺果上每個突出物的尖端不只一個勾，而是有五個勾（箭頭處）。

　　從爆裂的種莢投射種子，是非常有效的傳播策略。種莢的外壁在溫暖的陽光下變得乾燥，迅速收縮時，種莢就會爆裂。爆裂背後的動力，是水離開周圍堅硬的細胞時，對種子造成壓力。果蒴開始乾燥時，種子就開始往外飛了。

　　包在菫菜種子外的種莢壁收縮，猛然擠壓種子，最後種子就被用力發射出去（圖7.7）。莖直酢漿草（酢漿草屬）種莢中的許多種子，個別包覆在柔軟、濕潤、有彈性的多細胞膜中。這層膜乾燥、收縮、裂開，整個翻出時，猛力射出種子（圖7.8）。

　　有些花園有天竺葵的雜草親戚：野老鸛草。這種野生天竺葵的名字，來自種莢中央的「喙」狀物。這個喙很像鶴又細又長的喙（天竺葵的英文俗名是geranium，geranos＝鶴），其實是雌蕊的殘留物。野老鸛草種莢裂開、收縮、捲曲，接著突然將種子遠遠射出。種莢先是裂成五條；這五條種莢突然收縮、捲起，把鬆鬆黏在種莢旁的種子拋出（下一頁圖7.9）。

　　這個科（牻牛兒苗科，Geraniaceae）其他成員的種莢，也有類似這種「鳥喙」的特徵。牻牛兒苗屬（*Erodium*，rodios＝鷺）和天竺葵屬（*Pelargonium*，pelargos＝鸛）植物的種莢在英文稱為heronsbill（字面意思是鷺喙）、filaree（字源有刺、針之意）和storkbill（字面意思是鸛喙）。它們的種子不會像彈弓那樣投出種莢，而是每個種莢中的五粒種子仍然和收縮、裂開、捲曲的那五條種莢相連。每條種莢都捲成螺旋狀，種子附著在螺旋狀種莢條的沉重末端，和種莢條一起落到地上；接著，種莢條隨著空氣濕度改變而伸長、收縮，像開瓶器上的鑽子一樣鑽進土裡。

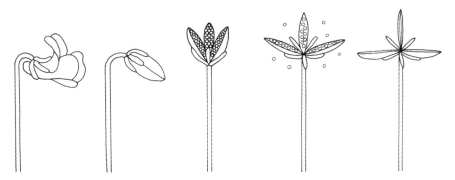

圖7.7：堇菜種子靠著種莢爆裂，散播得又遠又廣。這張圖和下面的圖7.8
描述了從花（左）到種莢爆裂（右）的過程。

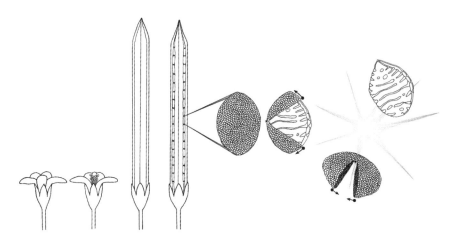

圖7.8：酢漿草的每粒種子外包覆著潮濕的多細胞膜，種子散布時，每粒種
子外的膜裂開、收縮（而不是整個種莢裂開、收縮），將種莢中一粒粒種
子用力射出種莢。

圖7.9：野老鸛草的種蒴爆裂，將種子散布得又遠又廣。圖中顯示從花（左）到種蒴爆裂（右）的過程。

🔍 觀察

　　收集堇菜和野老鸛草的幾個果實（種莢），還有酢漿草的果實。酢漿草這種雜草，又名鹽角草、酢醬草或鹹酸草。把這些種莢連著莖，垂直插在小燒杯裡。將燒杯放在一大張白紙中央，看看種莢可以把種子拋到多遠，哪種植物能把種子拋得最遠。確保支撐果實的莖直立著，而種莢投射的位置遠高於燒杯邊緣。如果把一個輕巧的塑膠杯蓋在燒杯上，就能聽到不時傳來種子撞到塑膠杯的聲音。接下來的幾小時、幾天裡，觀察種子從莖上被拋得多遠。

　　有些野心勃勃的雜草種子，採用不只一種傳播策略。堇菜是個好例子，示範了植物的種子不只靠著種蒴爆裂而噴出，並且具有美味的油質體，令人覬覦。堇菜種子靠自己來傳播，但也依賴螞蟻把種子搬到自己噴射的極限距離之外。堇菜種子顯然加倍確保它們傳播順利——難怪堇菜分布極廣，而且在沒有除草劑的草坪上能形成如此茂密的迷人藍色草毯。

我們應該把花園裡的雜草當成盟友，而不是敵人。許多雜草的根很深，能從土壤深處提取許多蔬菜根部無法取得的養分。而且雜草靠著廣布的鬚根，能幫忙鬆開硬幫幫的土，為蔬菜的根開路。若有富含養分的雜草加入花園來護根時，會在蔬菜根部能到達的地方加入這些養分，幫忙留住水分、改善土壤結構。

分解者讓土壤維持良好的狀態，掠食者則控制植食性害蟲的數量；而這些雜草的殘骸為分解者和掠食者都提供了棲身之處。

不妨親自探索如何利用雜草的智慧與優點來改善花園。耕耘土壤會喚醒休眠的種子；沒必要的話，最好避免耕耘，讓「沉睡」中的雜草留在土壤深處。耕耘也會打擾那些住在土表幾公分深之內的生物。這些地下生物會不斷混合、回收養分，讓養分通氣，改善土質。

在二年生或多年生雜草生長季的恰當時候（長到最大、開始開花的時候），切斷雜草，確實能夠抑制雜草於隔年再度出現。等雜草將大量能量、許許多多的養分都投入花芽和地上的生長之後，再切除雜草的地上部，殘存的雜草殘莖和根部將失去那些通常在生長季末會回歸根部的能量和養分。

在冬季的月分裡，儲存在地下的資源，可讓二年生和多年生雜草到了春天就生氣勃勃地再度萌芽。趁這些雜草開始開花時移除雜草，就能鏟除它們的種子來源，而雜草的殘骸會分解，為花園土壤增添養分和有機質。雜草缺乏用來重新萌芽的資源，但雜草分解之後，這些資源又回歸泥土。

比起耕耘之後噴灑除草劑，在未耕耘的土壤加入有機改良

劑，比較能有效控制雜草，而且負起了環境責任。試著留下花園裡一大塊區域不要耕耘；把那區的土壤完全覆蓋，並且在任何冒出的雜草上覆蓋各種有機改良劑（amendment，emendare＝改善）。與在耕耘過的花園土壤控制雜草比起來，上述在未耕耘的土壤控制雜草的方法，有哪些（或全部）比較有效？深度僅僅十公分上下的各種改良劑，就能讓雜草和雜草種子窒息而死。

　　就讓無數的土壤生物緩慢、溫和地混合這種有機質，和下方的砂、粉砂、黏土等礦質顆粒吧。這些生物耕耘花園時，不會把雜草種子帶到土壤表面。牠們工作幾個星期、幾個月之後（時間長短視季節而定），就為你的蔬菜種子準備好一個宜人的海棉狀苗床。只需要再稍稍鋤過、耙過，土壤就可以種植作物；而附近大部分的雜草種子仍然在鋤頭和耙子不可及之處沉睡。

　　覆蓋作物又稱「綠肥」，其實是一年生的作物，從春季到秋季，整年都能播種。這些作物生長迅速，長得比雜草更快更好，可為土壤添加許多有機質。覆蓋作物能為土壤提供緻密的覆蓋，使得試圖在一小塊土地上建立立足之地的雜草受到排擠。在冬季種植覆蓋作物時，又能保護土表不被風侵蝕。

　　覆蓋作物的根部能鬆動緊實的土壤，從土壤深處把礦物質帶出來，如果是固氮的豆科植物（例如苜蓿、豌豆、豆類、苕子和三葉草），還能在花園裡加進不少氮肥。十字花科的覆蓋作物（例如蕪菁和白蘿蔔）會產生硫化葡萄糖苷（Glucosinolate）這種二次代謝物（在第九章會提到）。

　　硫化葡萄糖苷和衍生物不只人吃了有益健康，正好也具有剋他的特性，很可能會抑制許多雜草種子發芽。雖然人類食用硫

表7.1：常見的覆蓋作物、栽種季節和1000平方公尺的播種數量。

注意：固氮豆科植物以星號標示。特別能有效抑制雜草生長的作物以粗體標示。

植物名稱	播種季節	播種密度 （每千平方公尺的公斤數）
苜蓿*	早春到夏末	2.4
大麥	早春到夏	9.8
蕎麥	春到夏	9.8-14.6
絳紅三葉草*	四季皆可	3.4
黃香草木樨*	春到夏	2.44
玉米粟	夏	1.22
芥菜	春到夏	1.22
燕麥	春到夏	19.5
豌豆*	春或秋	14.6
白蘿蔔	晚夏	4.9
冬裸麥	四季皆可	19.5
大豆*	春到夏	19.5
向日葵	春	1.22
蕪菁	春或夏末	1.22
毛苕子*	四季皆可	4.9
春小麥	早春	19.5

來源：取自強尼精選種子公司（Johnny's Selected Seeds）型錄。

化葡萄糖苷確實對健康有益，覆蓋作物釋出的硫化葡萄糖苷對一些無脊椎害蟲卻有毒性。硫化葡萄糖苷和其他植物二次代謝物一樣，既是剋他物質，也是植物防禦物質（第九章將進一步探討）。

農人、園丁和科學家繼續探索把覆蓋作物納入年度栽種計畫的絕佳理由，企圖讓土壤上永遠有作物覆蓋，減少土壤裸露的機會（上一頁表7.1）。

這些豆科植物的混合種子和其他許多非豆科作物（例如蕎麥、裸麥、芥菜、白蘿蔔和向日葵）的種子，在園藝店和商品型錄都能買到。種植混合的覆蓋作物，就能同時利用各種不同覆蓋作物的天賦，使土壤更肥沃，控制雜草甚至某些有害生物。

種植春、夏作之前，把成熟的覆蓋作物踩扁、搗爛，讓土壤生物開始發揮神奇的能力，將覆蓋作物的殘骸轉化成土壤有機質。這時的覆蓋作物被視為綠肥，很快就會腐爛，其中的養分和有機質將混進下面的礦質土壤中。再稍微鋤過、耙過之後，土壤就可以種植作物了。

馬糞肥是花園土壤的優質改良劑。每年冬天，我都會在花園裡加幾堆的馬糞肥；不過務必避免含有雜草種子的馬糞肥。吃苜蓿草料或梯牧草的馬匹，產生的糞肥中雜草種子很少，甚至完全沒有。

用7.6公分到10公分厚的糞肥覆蓋土壤，讓土壤生物替你完成蔬菜種子準備苗床的最後工作。時間長短依季節而不同，不過幾個星期、幾個月內，土壤生物就會溫和地耕耘，混合糞肥及下方的礦質土壤，完成園藝大師等級的任務。

秋葉是控制雜草的厲害媒介，不過它增加土壤肥力的天賦時

常被忽略。我們在秋天耙的葉子通常會燒掉，或是送去地景回收中心。但是把落葉打碎，加入花園土壤，就能幫助土壤的小型分解者發揮牠們的用處，不只在化學方面為土壤添加養分，使土壤更肥沃，也在物理方面強化土壤的海棉結構。隔年春天，讓葉子分解成細小的碎片，然後再把蔬菜或花的種子鋤、耙進土裡。

草屑是另一個經常被浪費的養分來源，也是不受重視的雜草控制幫手。在溫暖的夏日，草坪每週除草，產生大量的草屑，這種綠肥可以撒到現有的一排排蔬菜之間，悶死正在生長的各種雜草。

此外，有些草（例如早熟禾）以釋出剋他物質聞名，會抑制附近的雜草發芽、生長。先將這些雜草用鋤頭剔除，然後在太陽下曬乾之後，草屑可能更有效。草屑和其他綠肥一樣，比乾燥的秋葉更快分解，也能更快與下面的礦質土壤混合；新鮮的植物物質比乾燥的植物物質更能提供富含氮的材料，滋養無數的微生物分解者。

這些實驗檢驗的假設是，我們和大自然合作時，在花園裡控制雜草會比較簡單且容易成功。實驗結果挑戰了傳統的假設——成功、有利可圖的園藝和農藝，需要我們用合成殺蟲劑、除草劑、肥料和旋轉式耕耘機來對抗自然。

Chapter **8**

植物的顏色
Plant Colors

圖8.1：一隻蚱蜢跳進這排豔麗的著蓬菜，老鼠和蟾蜍紛紛看著多汁的蚱蜢。燈蛾毛蟲（右下和左邊遠方）會吃各種花園裡的雜草，例如蒲公英和酢漿草。這些毛蟲隔年會變成燈蛾，在蛾的階段會造訪許多花朵，替花朵授粉。一隻緣蝽（右上）用尖銳的喙從雜草和蔬菜吸取汁液。長腳蜂（左邊遠方的毛蟲右邊）振翅穿過著蓬菜的莖幹，找昆蟲吃，不過濾斗網蜘蛛（右下）只要等待昆蟲闖入牠的網就好。

植物最顯眼的綠色來自葉綠素分子——這種分子不只會散發綠光，而且會吸收紅光和藍光的光能，提供光合作用所需的能量。植物的這個綠色世界妝點著繽紛的色彩，無數的排列組合看了令人賞心悅目。甚至有些顏色是昆蟲和鳥類才看得見，我們人類看不見。

我們看到的各種顏色都來自植物產生的色素分子；這些植物色素會吸收我們看不到的顏色，散發出我們看得到的顏色。人體無法產生這些分子，但其中有許多是我們營養必需的維生素；而有些則可保護我們不受環境中各種有害毒物影響。

花、果、葉令人目不暇給的顏色和圖樣，使景色美不勝收，而且透露了植物的誘人風味和對健康的益處。番茄、辣椒和蘋果在夏末成熟，葉子在秋天老化，紅、橙、黃色的色素會取代綠色的葉綠素分子。這些令人驚豔的顏色吸引我們的目光，讓我們的味蕾想起那些和夏秋收成聯想在一起的美好風味。植物的顏色會挑動我們的美感，而且時常讓我們知道不少植物中養分和健康物質的事。

讓植物色彩繽紛的各種化學物質

🔍 觀察

像莙薘菜一樣有各種鮮豔色彩的蔬菜可不多，莙薘菜的鮮明色彩來自甜菜色素。莙薘菜、甜菜、紫茉莉、仙人掌和馬齒莧，幾乎是花園裡唯一產生這些特殊紅、橙、黃色素的植物。這些植

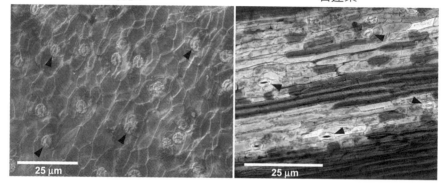

紫高麗菜   莙蓬菜

25 μm   25 μm

圖8.2：紫高麗菜（左）和莙蓬菜（右）的色素細胞都含有紅色色素，但兩種色素的化學結構截然不同。這些葉片的一些氣孔用三角箭頭標出。

物的共通點是，它們的關係很近；它們都是相關科裡的成員。甜菜色素的作用是抗氧化劑，能保護我們的細胞，不讓環境中其他物質（氧化劑，也就是自由基）破壞我們的細胞，而在化學上改變或損壞構成細胞的分子。菠菜的這些親戚所含的養分，和菠菜比起來甚至有過之而無不及。

其他植物，例如紫高麗菜、紅辣椒、紅番茄和紅心甘薯，擁有非常不同的紅、藍、紫色色素，也就是花青素（anthocyanin，anthos＝花；cyanos＝藍）和類胡蘿蔔素（carotenoid，carota＝胡蘿蔔），類胡蘿蔔素會產生橙黃的顏色。雖然類胡蘿蔔素和甜菜色素有些顏色重複，也是強效的抗氧化劑，但二者構成的原子不同，組態也不一樣（圖8.2，附錄A）。

圖8.3：紫高麗菜和
紅甜菜裡的紅色色素
就像變色蜥蜴，離開
原本的植物細胞之
後，可能展現不同的
顏色。這些色素所在
的化學環境，會決定
色素表現的顏色。

🔍 觀察

　　有些蔬菜可能顏色一樣，不過不同的蔬菜色素有著不同的化
學性質，也能產生類似或相同的顏色。比較紅辣椒、紫高麗菜的
顏色，以及莙薘菜和紅甜菜的顏色（圖8.3）。

💬 假設

　　在紫高麗菜和甜菜汁中加入各種酸性或鹼性溶液（例如蘋果
醋或氨水溶液），比較菜汁的顏色轉變，就能輕鬆呈現紫高麗菜

的紅和甜菜或菾蓬菜的紅，其化學組成的相似和相異之處。

　　溶液的酸鹼程度是用pH值表示。首先製作菜汁，分別把紫高麗菜和紅甜菜放進攪拌機，濾出菜汁。把兩種菜汁放進密封的容器中冰進冰箱，可以冷藏保存幾個星期；這段期間，可以把菜汁分到一系列的小試管中，在每個試管裡加入等量特定pH值的溶液。記錄紫高麗菜汁和甜菜汁接觸到不同pH值的溶液時，顏色會發生什麼變化，哪種色素能變出最多顏色。

葉和果會隨著光照而改變顏色

　　葉部細胞裡充滿綠色色素的微小囊胞（胞器，organelle，organ＝器官；elle＝小）稱為葉綠體（chloroplast，chloro＝綠；plast＝形體）。雖然植物細胞擁有堅固的纖維素細胞壁，幾乎無法移動，但細胞裡的葉綠體卻能在植物細胞裡自由來去，改變它在細胞裡的位置，以免過度曝曬在強光下。

　　因此在強光下，葉子各處的葉綠體都會移動到葉部細胞兩側，和入射的陽光平行，盡可能減少曝露在強烈的入射光下。在光線微弱、遮蔭的環境裡，葉綠體會回到細胞各處的位置，有時甚至和入射的光束垂直，以便多吸收一點能量。

　　葉綠體不只會在細胞裡移動，隨著時間過去也會改變。葉綠體中含有兩大類的色素（葉綠素和類胡蘿蔔素），不溶於水，存在於葉綠體疏水性的脂膜。隨著果實成熟，果實中的葉綠體可能經歷轉變；果實裡色素細胞中紅色和黃色的類胡蘿蔔素取代了綠色的葉綠素。未熟果實的綠色葉綠體，會被成熟果實裡橙、紅或

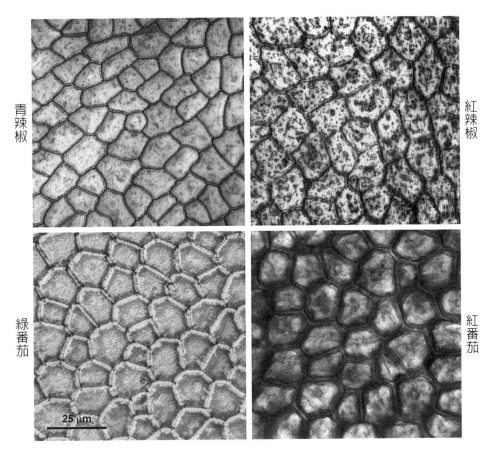

圖8.4：青辣椒和紅辣椒（左上、右上）和綠番茄、紅番茄（左下、右下）的色素細胞中，原本綠色的葉綠體會轉變成紅色的葉綠體，也就是色素體。綠色的葉綠素色素集中在葉綠體的膜系中。番茄和辣椒成熟時，葉綠體轉變成色素體，而紅色的類胡蘿蔔素色素同樣集中在色素體的膜系中。番茄色素細胞裡的紅色番茄紅素（lycopene）屬於類胡蘿蔔素。

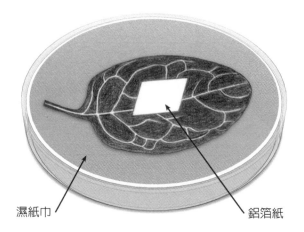

濕紙巾　　　　　　　　　　　　　　　　鋁箔紙

圖8.5：在濕紙巾上放綠色菠菜葉，菜葉上放一個平行四邊行的高對比圖案（例如剪下的鋁箔紙），蓋上培養皿蓋，然後曝露在強光下。這樣的設置會顯示光強度如何影響植物細胞中葉綠體的排列。

黃色的色素體取代（上一頁圖8.4）。

🔍 觀察

　　取植物的一片葉子，放在培養皿蓋裡的濕紙巾上。彩葉草屬、蔓綠絨屬植物、芥菜和菠菜的葉子，只要綠色色素均勻，就很適合展示葉綠素的移動情況。在葉子上放高對比的黑白底片、一片鋁箔紙或是有不透明黑色圖案的透明片。然後把培養皿的底部蓋在葉子上。這時，葉子、紙巾和高對比的圖案，夾在培養皿的蓋子和底之間。把培養皿的上下蓋壓在一起，水平放在明亮的陽光下45分鐘，或垂直放在投影機前60公分的地方。葉子拿出

來時，應該能看到葉子上葉綠體移動造成的影像。透明或不透明的圖案原本會阻止光線照到葉子的葉綠體，把它們移除之後，再將葉子留在潮濕的培養皿中，放在光照下或黑暗中，看看圖案能維持多久（圖8.5）。

🔍 觀察

有些葉子非常適合觀察單一植物細胞中葉綠體的移動。花園蔬菜的葉子比較厚，有幾層細胞，因此要清楚看到個別細胞就比較困難，甚至完全沒辦法。不過，水蘊草這種常見水草的葉片很薄，只有兩層細胞那麼厚，小型的顯微鏡就能清楚看見個別的細胞（下一頁圖8.6）。

這種水草可以在野外找到，也能在水族店買到。從清澈的池水中，拿水蘊草的一、兩片葉子放在載玻片上，然後蓋上蓋玻片。你應該可以在個別細胞裡看到一團團的鮮綠色。每個圓圓的綠囊就是一個葉綠體。你覺得在顯微鏡的強光下，這些葉綠體會發生什麼事？把顯微鏡的燈光打開、焦距對準葉綠體之後，稍等一下，同時仔細注意這些綠色的葉部細胞裡有什麼動靜。

💬 假設

你認為這些葉綠體怎麼在細胞內移動？是靠著這種水草葉部細胞裡的其他（一至多種）結構幫忙，而自行移動嗎？你能根據我們對植物細胞顯微結構的了解（p.20圖I.5），假設是什麼讓這些胞器在細胞裡移動嗎？

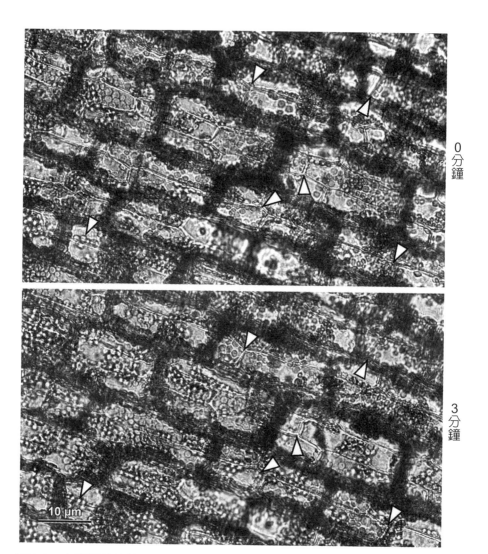

0 分鐘

3 分鐘

10 µm

圖8.6：大部分的植物運動比較緩慢，發生的時間是以分鐘、小時為單位，
最適合用縮時攝影來呈現。不過，水蘊草這種水草新鮮葉子裡的葉綠體，
在細胞中移動得非常迅速，發生的時間是以秒和分鐘為單位。圖中用三角
箭頭標示，方便比較葉綠體在0分鐘（上）和3分鐘（下）的葉綠體活動。

每年秋天，地球上森林覆蓋的風景就會經歷驚人的色彩變化。夏天裡，無數綠葉中的葉綠素捕捉光合作用所需的能量，到秋天則被萬花筒般的紅、橙、黃色色素取代。葉綠素分子（以及類胡蘿蔔素這類黃、橙色素）不溶於水，存在於細胞中葉綠體的膜上。葉綠素和類胡蘿蔔素共存於葉綠體的膜上，類胡蘿蔔素造成的秋季色彩只是因為失去葉綠體膜系上的葉綠素，讓類胡蘿蔔素的顏色顯露了出來。

不過，秋天樹木繽紛的葉子也會產生紫、紅、橙色的水溶性花青素。葉綠素和類胡蘿蔔素兩類色素存在於葉綠體的膜上，而花青素和同樣繽紛的甜菜色素則存在於植物細胞內充滿水的液泡。每個花青素通常和一至多個糖（葡萄糖）分子配對，提高花青素在充滿水的液泡中的溶解度。一個細胞液泡裡的花青素－糖複合物增加，會隨著水因滲透作用輕鬆進入細胞，而自然增加細胞的膨壓。

花青素除了貢獻秋葉的顏色，春天裡，它也出現在櫟樹和槭樹這些樹木開展中的嫩葉上，只是不像秋葉那麼醒目。更多的水進入發育中葉子的液泡，能促使細胞快速擴張、生長。這些樹木的嫩葉開展、成熟時，葉綠素的夏季綠色就取代了花青素。花青素不只在春秋分別讓嫩葉和老葉增添鮮豔的色彩，也在夏天讓花園裡的許多花果更加繽紛。

花青素和甜菜色素都能保護嫩葉及秋天老葉，使其不受冰凍的低溫和乾燥的高溫傷害。這兩種色素位在細胞的液泡裡，使得液泡因滲透作用而吸水。這種吸水的能力使得充滿色素的細胞在

乾旱中仍然水分充足。在冷到會結冰的日子裡，若細胞內的水裡溶了許多色素分子，也能降低細胞內水分的冰點，防止細胞內形成冰晶而破裂、死亡。細胞液泡水裡的色素分子增加，能預防結冰，就像路面撒鹽能預防路面結冰。因此，甜菜色素和花青素這兩種能幹的色素，除了讓景色變得繽紛，還能幫助植物細胞度過逆境。

我們體內時常形成自由基，對細胞造成很大的損害，而花青素就像甜菜和莙薘菜中的甜菜色素一樣，是強力的抗氧化劑，能消除有害的自由基。自由基的不成對電子會讓各種重要的細胞化合物氧化，產生化學變化。抗氧化劑可以提供電子，中和自由基，避免自由基損害細胞。富含蔬果的飲食有紅、藍、橙色的色素妝點，也富含抗老化的抗氧化劑。

這些繽紛的抗氧化劑會吸收紫外光，就像植物細胞的防曬劑。如果把一開始就種植在室內的綠色高麗菜和青花菜苗，搬到春天的花園裡準備移植，會促使綠葉變成紫色。在室內發芽的幼苗，有窗玻璃阻隔，能隔絕陽光中的紫外光。不過在陽光下幾天，曝露在紫外光中，幼苗綠葉裡的細胞會開始產生紫色的花青素，做為天然的防曬劑。

💬 假設

如果植物細胞中的花青素有防護紫外光的功能，那麼太陽中的紫外光應該促進或減少植物細胞合成花青素？花青素讓蘋果、桃子和草莓帶紅色；讓李子和葡萄帶紫色；讓茄子帶深紫色（圖8.7）。這些水果外皮細胞中的液泡充滿了花青素。

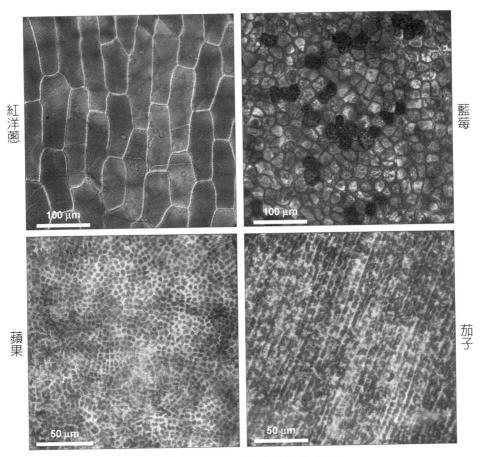

圖8.7：水果和蔬菜表皮色素細胞的液泡中含有花青素。

上排左至右：紅洋蔥、藍莓。

下排左至右：蘋果、茄子。

把成熟的蘋果或山楂用紙袋包起來，就能減少或消除這些含色素的果實細胞照到的陽光。成熟中的水果包住幾天以後，要怎麼形成花青素？拿掉紙袋，讓水果再次曝露在陽光下之後，它會重新產生花青素嗎？

　　假設太陽的紫外光光譜會促使果實的色素細胞產生花青素，我們可以讓成熟中的蘋果或桃子的不同部位，曝露在陽光的不同組成中，來檢驗這個假設。成熟中的蘋果比較綠，沒那麼紅。把一顆大蘋果包在透明的防紫外線聚氯乙烯膜裡（市面上可以找到 Saran Wrap 或 Reynolds Wrap 914 的保鮮膜）。把另一顆蘋果包在不防紫外光的透明聚乙烯膜裡（就是店裡常見的透明塑膠袋），第三顆蘋果直接曝露於完整的陽光下。等到沒包裹的蘋果變成全紅之後，比較這個自然的顏色，與（一）陽光透過聚乙烯膜，和（二）陽光透過聚氯乙烯膜，刺激蘋果產生的顏色。

　　楓樹、山茱萸、美國楓香或黑紫樹（又稱水紫樹）等樹木，時常有醒目的紅色秋葉，它們曝露在陽光下的情況若有不同，會影響花青素的顏色強度嗎？這些樹木內層的葉子受到的遮蔭比較多，它們的紅色會比最外層葉子的紅色淺嗎？如果樹木生長於裸露的山脊或開闊的都市風景中，它在秋天時的顏色會比生長於蔭蔽的深邃山溝裡的樹木更濃嗎？

圖8.8：許多不同的植物和植物部位都能當天然染料。洋蔥皮（左下）能染出橙色。紫葡萄（左上）是藍紫色的染料。羅勒（右上）除了香氣迷人，煮過的葉子還能染出紫灰色。鹽膚木的紅色果實（右下）可以染出柔和的紅色。

有些植物色素可以當作染料

🔍 **觀察**

　　植物（花、果實、根）有萬花筒一般的絕美顏色。如果想把哪些植物的迷人顏色染上棉布、麻布或棉紗布（甚至水煮蛋），可以收集那些蔬菜、果實、根、樹皮或花（圖8.8）。

　　把植物的這些部位切碎，加入該植物組織兩倍的水，煮沸之

後熬一個小時，然後把染劑過濾、靜置。為了預防這些天然植物染料褪色或被洗掉，要染色的布料或蛋必須先經過媒染劑定色。這個定色步驟能確保之後浸泡的植物染劑附著並固定在布料或蛋上面，不會被洗掉。

因此，準備好染浴之後，把你選擇的潮濕布料泡進冷的媒染劑裡（醋浴作法：將醋加進四倍的水中）。不過，莓果類染色的最佳媒染劑，是把半杯的鹽（NaCl）溶進八杯的冷水中。鹽水溶液和蒸餾白醋的酸性，能調整布料上的電荷，讓之後的天然染劑更容易和布料纖維結合。

如果要染布料，則要讓布料在熱的媒染劑中熬一個小時。接著，拿出布料，在冷水中沖洗，徹底擰乾。之後再把濕布放進染浴，熬到出現你想要的顏色。（別忘了，布料乾燥之後的顏色，會比濕的時候淡一點。）戴著橡膠手套，把染浴裡的布料取出，在冷水中洗滌。最後，徹底擰乾布料，吊掛晾乾。天然染色的布料要在冷水中洗滌，並且與其他衣物分開洗。

染水煮蛋時，先把煮蛋放進涼的染劑／固定劑溶液中（一杯天然染劑加入一湯匙的醋）；把蛋浸在染劑／固定劑溶液裡，放進冰箱裡冷藏，直到蛋上的顏色看起來夠深為止。小心地把蛋擦乾，用一點植物油把蛋擦亮，加深顏色。

💬 假設

你能輕鬆預測特定植物部位的染料，會在一種布料或水煮蛋上留下怎樣的顏色嗎？雜草（例如蒲公英或車前草）、蔬菜（例

如甜菜或洋蔥）和灌木（例如鹽膚木或山茱萸），都能染出一系列大地色系的顏色，實際顏色取決於選擇來當染料的植物部位是什麼。

用水煮蛋試試這種天然染色過程，看看浸泡時間、溫度、植物部位或醋的濃度，如何影響特定天然染料染出來的顏色有多鮮豔、多深，甚至多出乎意料。待染色的蛋乾燥之後，用一點油擦亮每顆蛋，看看已經絢麗的蛋會變得多鮮豔。甜菜色素、類胡蘿蔔素或花青素之中，哪些色彩豐富的植物色素能染出最濃的顏色？

Chapter 9

植物的氣味與精油

Plant odors and oils

圖9.1：老鼠和蟾蜍從芳香植物園裡往外窺看。貓薄荷、香芹、鼠尾草、迷迭香和百里香之間，散布著寄生昆蟲、植食性昆蟲和授粉者。菊虎（左上）在土壤中展開一生，是行動敏捷的肉食性幼蟲，但變成成蟲後，都在替花授粉。

寄生蠅和繁縷尺蠖蛾（左下）是花園中花朵的授粉者，幼蟲則在花園裡扮演截然不同的角色。寄生蠅的幼蟲會寄生在南瓜椿象、椿象和緣蝽；繁縷尺蠖蛾的幼蟲以繁縷這種常見的花園雜草為食。

椿象的成蟲（右下）以其他昆蟲為食，蛾和椿象之間那隻吃香芹菜的繽紛毛蟲，是香芹黑鳳蝶的幼蟲。蟾蜍嚇到了毛蟲，毛蟲伸出頭頂鮮橙色的角，散發出難聞的氣味。

芳香植物（例如香芹、鼠尾草、迷迭香和百里香）的迷人氣味，是從葉、花和莖上特殊細胞中的小油滴散發出來的（下一頁圖9.2）。香芹、百里香這些香料植物爲我們的食物增添風味，其他芳香植物（例如貓薄荷，又名荊芥）讓我們的貓開心，但早在人類和貓發現芳香植物的魅力之前，芳香植物中的精油已經保護植物不受昆蟲啃食千萬年了。

　　這些精油屬於二次代謝物這種植物化學物質——這些化學物質影響植物和環境的互動，但並不是這些植物生存和繁殖必需。精油對昆蟲或許沒有毒性，但這些精油的氣味對許多昆蟲的觸角卻有忌避或排斥的作用，即使這些昆蟲不吃植物。

　　植物產生的精油和其他二次代謝物，能讓一些昆蟲嚴重消化不良，許多昆蟲卻找到辦法避開這些不愉快的相遇；有些甚至變得喜歡這些精油和化學物質賦予葉和莖的風味。

　　植物的獨特精油位於植物表面的特殊腺細胞中。番茄株那種獨一無二的香氣來自無數的腺毛（glandular trichome，tricho＝毛），這些毛狀體像細毛一樣覆蓋著番茄的葉和莖。

　　摸一摸、聞一聞葫蘆的葉表；顯微鏡顯示葫蘆的葉和莖上覆蓋著一層柔軟光滑的絨毛（p.225圖9.3）。這層絨毛由腺毛細胞組成，在一片形狀整齊的葉部表皮細胞之間，是形狀特殊的醒目細胞。這些腺細胞不只會產生氣味驅趕一些昆蟲，也讓許多試圖穿越這片絨毛森林的細小昆蟲受到實質的阻礙。

　　不過，番茄和葫蘆這些植物獨一無二的氣味，雖然令一些昆蟲反感，卻會吸引其他昆蟲。花園裡十字花科、葫蘆科和繖形科這三科的植物，在這方面特別值得一提，它們的一些化學物質只

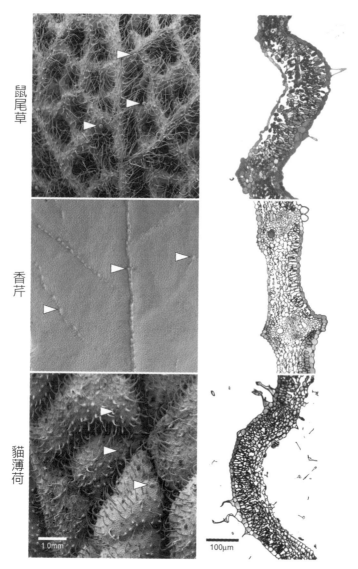

圖9.2：

左排：不同芳香植物的葉子表面有形狀特殊的細胞（三角箭頭處），形成獨特的細胞風景，而這些細胞會產生獨特的氣味。左排上到下：鼠尾草、香芹和貓薄荷（又名荊芥）。

右排：這些葉子的切面顯示，葉表上、下單層細胞（表皮細胞）之間的細胞上面，覆蓋了一些氣孔、毛（毛狀體）和葉表的腺體。

番茄 　　　　　　　葫蘆捲鬚

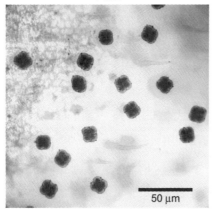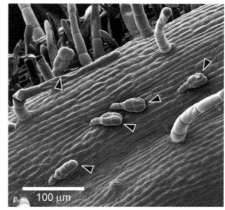

圖9.3：番茄（左：光學式顯微鏡）和葫蘆（右：掃描式電子顯微鏡）莖葉的表皮，覆蓋著毛茸茸的一層毛狀體。

番茄葉上，四個細胞組成的毛狀體會發散出番茄突出的獨特氣味。

葫蘆的捲鬚（特化的葉）有類似的四細胞毛狀體（三角箭頭處），散布在高而細長的毛狀體之間。

有某些昆蟲覺得美味，深受吸引（見附錄Ａ）。

　　十字花科植物（例如青花菜、芥菜、羽衣甘藍、芥藍和蕪菁）的嗆鼻芥末味，會吸引某些芽蟲、葉蚤、小菜蛾和紋白蝶。這種芥末味來自「硫化葡萄糖苷」這類二次代謝物。這些化學物質是人類飲食中的強大抗癌物質，有益健康，不過硫化葡萄糖苷或其衍生物，對許多昆蟲、致病性真菌和一些植物是有毒的。芥末味代表著在花園食物網中多才多藝、用途廣泛的化學物質。

　　蒔蘿、香芹、歐防風、胡蘿蔔和茴香這些繖形科植物，也會產生呋喃香豆素（furanocoumarin），這類化學物質能驅趕某些昆

蟲。不過，一些蛾類毛蟲和香芹黑鳳蝶的幼蟲，能迅速把這些化學物質轉化成無害的形式。對這些母蝶、母蛾和其他昆蟲媽媽而言，替牠們的幼蟲選擇未來的植物家園，是根據餵養及養育了牠們無數世代的特殊植物氣味。

南瓜、黃瓜、櫛瓜和葫蘆這些葫蘆科的成員，含有葫蘆素這種苦味化學物質，能驅趕許多生物；不過這種化學物質會吸引特定的昆蟲，這些昆蟲靠著吃這一科的植物維生。黃瓜甲蟲、南瓜椿象和漂亮的南瓜藤透翅蛾的幼蟲等昆蟲，都會有恃無恐地吃苦苦的葫蘆素。

雖然植物不能逃離危險，但遇到昆蟲的顎或真菌之類的有害微生物時，要保護自己卻很方便。大部分的植物都有各種辦法可以驅除不請自來的生物，避免牠們啃食葉片或吸食汁液。如果害蟲遇到特殊的植物氣味或質地，仍然堅持不懈，就會遇上植物的其他防禦招術。植物被昆蟲啃咬或被微生物侵入時，會產生各種化學物質 —— 有些會阻礙微生物和昆蟲的攻擊，讓一些害蟲消化不良或是送命。

有些植物會把警告性氣味傳給植物同伴

二次代謝物不只調節植物之間的交互作用，也能替植物抵禦昆蟲、其他草食動物、真菌和細菌的攻擊，這樣的二次代謝物估計至少有二十萬種。

許多植物的細胞持續產生許多這類的化學物質（例如硫化葡萄糖苷和葫蘆素），阻礙昆蟲吃它們的葉子（見附錄A）。單寧也

是菠菜（p.72圖2.18）和櫟樹等植物葉子中常見的化合物，可以與植食性昆蟲腸道中的酵素和其他蛋白結合，干擾昆蟲消化。魚藤酮（Rotenone）這種由一些豆科植物自然產生的殺蟲劑，是知名的二次代謝物。這些持續產生的化合物為植物提供了第一道防禦。

植物防禦素（phytoalexin，phyto＝植物；alexin＝防禦）是另一類的二次代謝物，相較之下，它只有在細菌或真菌病原體入侵植物細胞時才會產生。植物體一個傷口所產生的二次代謝物，可以把化學信號傳到植物各處，讓那株植物替其他部位可能受到的攻擊做好準備，不只提高植物對其他攻擊的抵抗力，還能提前警告植物鄰居：威脅逼近了。

受到攻擊的植物會釋出各種化學物質，一般稱為揮發性有機化合物（volatile organic compounds, VOC）。其中最主要的是水楊酸甲酯（methyl salicylate，由植物荷爾蒙水楊酸形成）和茉莉酸這兩種簡單的有機化合物。植物受到微生物或昆蟲攻擊時，另一種植物荷爾蒙乙稀也會和這些揮發性有機化合物合作。這些化學信號會透過空氣飄送，不只讓其他植物接收到警告信號，同時也是「求救信號」，召集附近的肉食性昆蟲和寄生昆蟲來幫助受害的植物，消滅那些在吃植物葉子的昆蟲。

此外，揮發性有機化合物會促使附近的植物增強防禦，抵擋飢餓的昆蟲。附近植物因應那些揮發性有機化合物，開始產生各種化學物質，在害蟲到達之前就提供一層更徹底的預先防禦。

如果植物可以釋放揮發性有機化合物，向植物同伴傳達「危險」的信號，附近的植物會強化並鞏固它們對抗飢餓昆蟲的化學防禦嗎？提前接到昆蟲攻擊警告的植物，能阻止昆蟲吃植物嗎？

毛蟲時常啃食青花菜、番茄或高麗菜這些蔬菜的莖葉，把它們咬得破破爛爛。如果你看到幾隻毛蟲在吃這幾種蔬菜的莖葉，試試看能不能阻礙（甚至阻止）這些毛蟲繼續吃。

方法是，撕碎一株植物的幾片葉子，模擬昆蟲對其中一種蔬菜的嚴重攻擊。接著在幾天後，比較你放在附近（半徑 1.5 公尺內）植株上的毛蟲，和你放在遠處（半徑 6 公尺以上）植物上的毛蟲的情形。這些吃葉子的昆蟲會繼續進食，還是不見了？有哪些毛蟲長得比較快嗎？傷害一種蔬菜，是否不只會警告同種的其他成員，也會警告附近其他種的蔬菜？

可以把一小瓶揮發性、有香氣的水楊酸甲酯（冬青的精油），放在受到植食性昆蟲歡迎的蔬菜之間，當作額外的預防手段。這種揮發性有機化合物的表現符合預期，防止昆蟲吃蔬菜了嗎？飢餓的昆蟲發現蔬菜之後，水楊酸甲酯能阻止、減少蔬菜受到的損害嗎？或是沒什麼影響？

💬 假設

如果天然的植物荷爾蒙水楊酸能促進植物產生防禦物質，防止昆蟲、真菌和細菌的攻擊，那麼居家常用阿斯匹林中相關的化學物質乙醯水楊酸，能模仿這種植物荷爾蒙的效果嗎？（圖 9.4）

圖9.4：天然植物荷爾蒙「水楊酸」、此荷爾蒙的揮發性衍生物「水楊酸甲酯」，以及「乙醯水楊酸」的化學結構十分相似；這三種簡單的化合物都能為植物抵禦昆蟲和真菌的攻擊。

　　在阿斯匹林做成錠劑在市面流通的幾千年之前，舊世界和新世界的人類已經發現柳樹樹皮的內層有舒緩疼痛、發炎和發燒的神奇效果。不過，直到十九世紀，人們才從柳樹樹皮中分離出具有這些醫療益處的單一化學物質。這種活性物質稱為「水楊酸」，名字取自最初的植物來源——柳屬（*Salix*）的柳樹。

　　水楊酸會促進植物細胞產生其他化學物質（例如有揮發性的水楊酸甲酯），為植物抵禦外來的攻擊——不論大小、不論來自微生物或昆蟲的。水楊酸的作用是讓可能受到疾病或昆蟲威脅的植物，擁有系統性防禦（systemic acquired resistance, SAR）。這種荷爾蒙的作用等於是觸發植物體內的免疫反應。

　　水楊酸的化學親戚阿斯匹林，能取代這種植物荷爾蒙誘發系統性防禦的角色，在花園裡出現有害生物的威脅之前預防攻擊

嗎？阿斯匹林能發揮預先防禦的作用，保護花園裡無法抵禦有害生物攻擊的植物嗎？把一顆無糖衣的325毫克阿斯匹林藥丸和兩湯匙的洗碗精溶在3.8公升的水裡，再加進兩滴植物油。加入洗碗精和油，是為了讓噴劑附著在葉子的蠟質表面。試著每兩週在一排植物的葉子上噴一次，另一排同樣植物則噴上含有洗碗精和植物油，但沒溶進阿斯匹林的溶液。

植物的氣味既討厭又迷人

🔍 觀察

試著用鼻子觀察。在花園裡繞繞，用指尖揉搓植物的葉子，然後嗅嗅手指，注意花園中許多果實和蔬菜的獨特氣味。一年中不斷接觸植物多種二次代謝物散發的特殊氣味，你就會愈來愈熟悉這些氣味。

昆蟲的觸角會感應植物的氣味，而這些氣味有的具吸引力，有的令昆蟲走避，有的會被忽略。一些植食性昆蟲厭惡的味道，吸血蚊子等昆蟲即使沒興趣也沒構造吃植物葉子，一樣會感到嫌惡。我們覺得好聞但蚊子討厭的植物化學物質，最適合當作驅蟲劑。我們在一般花園中觀察到的繽紛氣味裡，可能就含有那些化學物質。

要從花園中萃取、強化芳香植物和花朵的天然香氣，首先要用人造奶油之類的植物油，吸收芬芳的葉或花裡的揮發性氣味。植物大部分的氣味都是來自精油；而精油不容易溶於水中，比較

容易溶在植物油脂和酒精裡。

找個大型的玻璃培養皿或玻璃淺碗（例如派盤），之後要能緊緊蓋上玻璃板或玻璃盤。在淺盤上把人造奶油均勻鋪成大約0.5公分的一層。然後在植物油脂上輕輕鋪放芳香的葉和花。擺好之後，蓋上玻璃蓋（小心別壓扁植物部位），將植物組織密封在大培養皿的上下蓋或大淺盤裡。

把裝著植物部位的玻璃器皿，放在照不到陽光的地方，在室溫下靜置兩天。兩天後，取出植物部位，鋪上新鮮的植物。將這個程序重複大約四次，讓植物油脂中吸飽特定的植物氣味。

程序結束時，把植物油脂刮進一個可以密封的廣口瓶，然後加進等量的95%乙醇或伏特加。反覆大力攪拌、搖勻這瓶混合物。植物香氣就會溶進乙醇裡，接著，你只要把混合物冷凍起來，就能分離乙醇和植物油脂。油脂會凝固，而含有植物萃取物的乙醇就能倒出來。這些人類聞起來好聞的天然香氣，昆蟲會討厭嗎？

💬 假設

你可以在母蚊子哪天發威時，親自試試貓薄荷、羅勒、胡椒薄荷、鼠尾草、迷迭香和百里香這六種唇形科植物的精油，是否像貓薄荷吸引貓一樣，令蚊子討厭（下一頁圖9.5）。

首先，用貓薄荷葉或其他五種芳香植物的葉子，用力揉搓一隻手臂，從手腕到肩膀之間的地方；另一隻手臂用彩葉草的葉子一樣用力地揉搓。彩葉草和那六種園藝芳香植物都很容易種植，而且都有親戚關係。不過，彩葉草雖然也屬於唇形科，卻是那一

圖9.5：芳香植物（例如唇形科的芳香植物）的氣味可能吸引一些生物，卻令其他生物厭惡。

科裡唯一缺乏其他六種芳香植物中芳香氣味的成員。數一數你的兩隻手臂分別被蚊子咬了幾個包。這些芳香植物中，有哪一種的氣味強烈到可以驅逐一隻手臂（甚至兩隻手臂）上的蚊子呢？

共伴園藝：花園裡的合作與競爭

數百年來，園丁和農人觀察到有些植物附近有特定植物時，

圖9.6：高麗菜（左）和鼠尾草（右）是花園裡的好鄰居。

會欣欣向榮；如果附近是其他植物，則會失去活力。園丁運用共伴種植，讓他們的果菜擁有最好的品質。

　　某些植物的健康似乎和其他特定植物的健康息息相關。不知為何，這些植物輔助彼此生長、繁盛；它們用地上的空氣和地下的土壤為媒介，聯絡彼此的善意（圖9.6）。

　　我們對植物溝通的研究還在萌芽階段；才正要開始了解植物的語言。

　　共伴園藝的作法仍然有不少神祕色彩和未解之謎。我們需要知道植物如何交換訊息、交換的訊息內容究竟是什麼，才可能解開這些奧祕。

　　過去三十年間，偷聽植物地表上對話的科學家，發現有飢餓

的昆蟲大嚼植物葉子時，植物會靠著釋放特定的化學物質，和彼此交談。植物發出的這些信號可能有雙重功能，有些對它們的植物鄰居有益（不過有些卻有害）。我們學會偷聽植物之間的溝通時，是在解讀化學語言，釐清植物生命一些神祕的親近與敵對關係。

對於植物之間在地下發生的事，科學家和園丁了解得更少。不過科學家發現，植物的根能夠區分自己和其他植物。植物的這種能力就像擁有免疫系統一樣，因為我們的免疫系統能夠防止入侵者，例如微生物和其他異物。我們的免疫細胞有種神奇的能力，能區分自己的細胞和其他任何生物的細胞。植物也能對外來的微生物入侵者發動植物防禦素的防衛；靠著剋他物質，植物能抑制其他植物根部的生長。

討論雜草如何對付一些競爭者時（第七章），我們介紹了相剋作用，展示了咖啡和茶樹根部分泌的某些化學物質（例如咖啡因）如何抑制其他植物種子發芽（例如蕪菁）。有些樹木的根部也會分泌一種剋他物質，阻礙其他許多植物發芽、生長，而黑胡桃正是受到大量研究的一例。

胡桃樹分泌的化學物質胡桃醌（juglone）和咖啡因一樣，是簡單的有機化合物。如果番茄、馬鈴薯、辣椒和玉米被種在胡桃樹附近，會生長緩慢，但其他植物（例如山茱萸、番紅花、唐棣和萱草）似乎不受胡桃醌的抑制效應影響。

刺槐、楊樹、懸鈴木、臭椿、北美檫樹、糖槭和鹽膚木，都會抑制樹下某些植物的生長。有些野花（例如一枝黃花）和禾本科植物（例如葦狀羊茅和早熟禾）會形成緻密的一叢，很少有其

他植物能夠在其中生根。

　　入侵種植物之所以成功，就是因爲它們會分泌剋他物質，能特別有效地抑制其他植物生長。其中許多植物剋他作用的抑制效果，人們仍在探索其背後的化學反應，不過這些植物產生的化學物質其實是比較簡單的天然化合物，現在被視爲是對環境友善的合成殺蟲劑代替品（見附錄Ａ）。

　　花園裡蔬菜和花草之間特定的剋他交互作用，可能解釋了許多植物不知爲何會影響彼此的健康。高麗菜、番茄、蘆筍、黃瓜、向日葵和大豆這些栽培蔬菜以剋他特性聞名，但還有待我們在花園中進一步觀察，才能證實這些特性確實存在。這些蔬菜雖然能抑制附近一些植物生長，卻顯然會促進其他蔬菜生長（下一頁圖9.7）。

🔍 觀察

　　根的構造反映了植物在地下如何互動。共享同一塊土壤（其中養分和水分）的植物，可能爲同樣的資源競爭，也可能分享資源而共存。如果植物的根能朝不同方向延伸，伸向不同的深度，有時把根水平擴展到近距離的地方，有時擴展到遠距離的地方，蔓延到土表下的各種不同深度，藉著這樣分配地下資源，共存的結果最理想。

　　這適用於各種共享土壤的植物組合——不論是雜草和雜草，蔬菜和蔬菜，或是雜草和蔬菜。移除花園裡的雜草時，觀察一下雜草的根部構造有什麼不同。哪些雜草的主根會垂直鑽進土壤深處？哪些雜草有許多水平擴展的根？

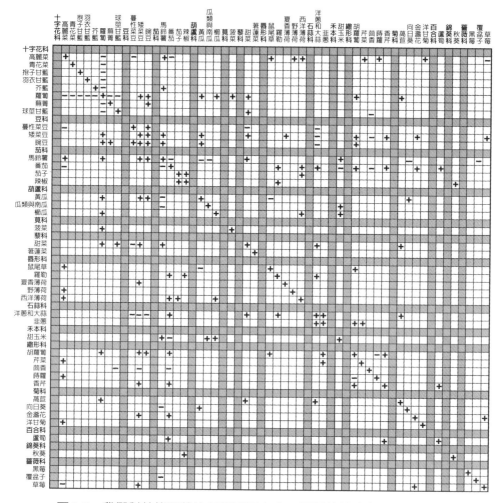

圖9.7：我們對共伴園藝的了解尚不完全；不過藉著許多園藝前輩的經驗，我們可以開始系統化地記錄蔬菜對彼此的正面、負面影響。當然，兩種蔬菜之間的互動可能不算明顯的正面，又不算明顯的負面。

這張表中大部分的資訊都來自路易斯‧里奧特（Louise Riotte）所著的園藝經典《胡蘿蔔愛番茄：共伴種植的成功園藝法》（*Carrots Love Tomatoes: Secrets of Companion Planting for Successful Gardening*）。還有待未來在花園中的發現來改善這個表，補上表中不足之處。

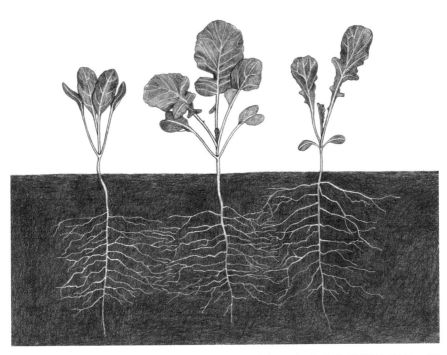

圖9.8：甜菜（左）、蘿蔔（中）和萵苣（右）的根之間在溝通什麼呢？這三種蔬菜因為某些目前無法解釋的原因，在彼此存在時都長得很好。

　　在七吋盆裡種一株蔬菜（1號盆），另一個七吋盆種進一株雜草（2號盆）。在相同的七吋盆裡種進兩株相同的蔬菜（3號盆），另一個七吋盆裡種進兩株相同的雜草（4號盆）。把那種園藝蔬菜和你選的雜草種進同一盆（5號盆），最後把那種園藝蔬菜和另一種雜草或蔬菜種進同一盆（6號盆）。由圖9.7可知，可以選擇的組合非常多。

　　在同樣的土壤和地上環境中，種植那些植物兩個月，然後挖

出盆裡的根，看看一株植物的根部構造如何受到鄰居的影響。你在這些土壤夥伴身上觀察到的現象，或許有助於理解根如何在地下互動，處理養分的訊息和附近有根系存在的訊息（圖9.8）。

解讀植物用葉和根訴說的語言傳達了什麼訊息，或許能讓我們更了解為什麼番茄愛胡蘿蔔，鼠尾草愛高麗菜，但番茄會避開高麗菜，而黃瓜會避開鼠尾草。

💬 假設

胡蘿蔔和番茄應該是好夥伴。不過根據資訊，高麗菜和番茄似乎不相容，所以你認為高麗菜和胡蘿蔔種在一起會長得好嗎？

和胡蘿蔔同是繖形科的一個成員——蒔蘿，似乎對胡蘿蔔並不友善。但胡蘿蔔和番茄在繖形科的另一個成員——香芹存在時，似乎都欣欣向榮。你預測蒔蘿對番茄的生長會有什麼影響呢？

💬 假設

十字花科的所有成員，都含有硫化葡萄糖苷這種簡單的化合物，這是芥子油的前驅物——這種化學物質嗆鼻的風味對一些吃葉子的葉蚤、紋白蝶和小菜蛾格外有吸引力。

在美國的花園裡，十字花科最常見的成員是高麗菜、羽衣甘藍、青花菜、花椰菜、球莖甘藍、抱子甘藍和芥藍這些作物；這些都是甘藍（*Brassica oleracea*）這種植物的品種。十字花科的其他成員（例如大白菜、芥菜、小白菜、塌棵菜、蘿蔔、蕪菁和芝麻菜）則通常是蕓薹屬（*Brassica*）裡的植物，而芝麻菜甚至屬

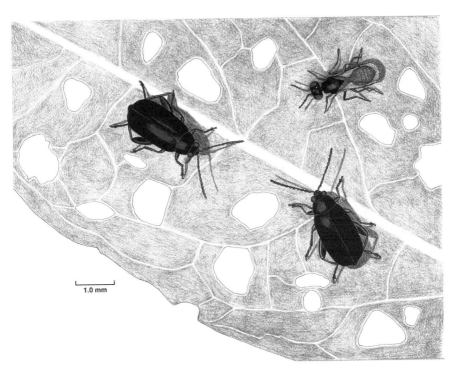

圖9.9：葉蚤在芝麻菜的菜葉上留下的洞，會吸引細小的寄生蜂。這些蜂的幼蟲以葉蚤為食，有助於控制葉蚤的族群數量。

於另一個屬。十字花科這些成員對葉蚤也有很強的吸引力——強到它們的菜葉時常受到一群群這種小型草食動物的摧殘，被咬得破破爛爛（圖9.9）。

有個很有效的辦法可以保護某些蔬菜不受特定害蟲為害：提供另一種更有吸引力的食物給害蟲。芥菜是十字花科裡最吸引葉蚤的植物之一。芥菜的吸引力很強，因此人們向來利用葉蚤對硫

化葡萄糖苷和芥子油的過分熱愛，而把芥菜當作「誘引作物」。十字花科中氣味最能吸引葉蚤的成員，可以當作給葉蚤的祭品，讓其他十字花科的蔬菜逃過葉蚤大部分（甚至全部）的攻擊。

　　現在的種子型錄除了青花菜、芥藍、高麗菜這些常見的傳統作物之外，也提供十字花科蔬菜的多樣選擇。播下「誘引作物」的種子之後，看看哪個品種最能有效引開葉蚤的注意，讓牠們不去吃沒那麼香的蔬菜。單獨種下一些十字花科的植物，附近不要有「誘引作物」，比較葉蚤造成的損害。你能確認葉蚤的反應是由於芥子油的含量，或是葉子表面的物理性質差異（蠟質或絨毛；柔軟或堅韌）嗎？

Chapter 10

園丁夥伴：
花園裡的其他生物

Fellow Gardeners: Other Creatures Who Share Our Gardens

圖10.1：在番茄苗的陰影下方，老鼠和蟾蜍看著蚯蚓把一片腐爛中的葉子拖進牠的地洞。一隻步行蟲迅速溜過老鼠面前。左邊有隻蠓離開幼時在土壤中的家，在蟾蜍上方的空中盤旋。蠓和蟾蜍中間有隻菸草天蛾的毛蟲棲息在番茄莖上，食蟲虻在番茄葉上的歇腳處尋找那一區的獵物。

成功的園藝方案其實是無數生物合作的成果，這些生物有的沒有腿，有的有四條或六條腿，有的甚至更多條腿。蚯蚓、鳥類、昆蟲、蜘蛛、真菌、馬陸、無數的細菌，和許多其他生物，與我們及蔬菜共享花園，讓土壤通氣，回收土壤養分，混合土壤的有機和礦質組成。

　　這些生物一同發展出共存的方式，讓大家共享花園裡的水果和蔬菜，不讓某些生物獨占一些蔬果的收成。這些生物一同形成一個食物網，其中的能量和養分不斷交換，同時讓食物網所有成員的數量和活動維持平衡。

　　別忘了，植物很擅長召募其他生物替它們防禦。植物被昆蟲叮咬或被微生物侵襲時，會產生各種化學物質——有些能阻礙甚至防止微生物和昆蟲的攻擊，讓害蟲消化不良，有些化學物質則會飄過空中，吸引那些害蟲的掠食者和寄生者，甚至招募這些昆蟲來幫忙受害的植物。

　　其他天然化學物質就像氣流中傳給植物鄰居的廣播，警告附近的植物「有害生物上門了」，促使那些植物在有害生物到達附近的葉片之前，產生自己的化學防禦。

　　如果花園棲地的設計能為有益的昆蟲、微生物和其他園藝夥伴提供溫馨的家，這些園丁夥伴的數量就會遠遠超過我們視為有害生物的那些昆蟲和其他生物。當花園的地上和地下都住了大量的掠食者和寄生者，還有無數的土壤回收者，有害生物就很難在花園立足，幾乎可以忽略。

　　回收者執行牠們的任務時，會讓土壤更肥沃，為土壤提供養分，為根部重整土壤棲地的結構，改善植物的活力。富饒又繁榮

的花園棲地會吸引各式各樣的生物——有大、有小，有些要用顯微鏡才看得到；而健康的土壤能培育健康的植物，強化植物對有害生物與病原體的防禦。

植物的微生物同伴

根瘤菌

🔍 **觀察**

　　花園裡的豆科成員（豌豆、豆類、三葉草，通稱爲豆科植物）和固氮細菌有種特殊的結盟關係。固氮細菌能吸收空氣中的氮，轉化成植物能吸收的氮形態。細菌是地球上唯一有固氮能力的生物，而這些根瘤菌長在豌豆和豆類植物的根瘤，是一群特別的固氮細菌。

　　如果你的花園裡的土壤和許多被視爲「塵土」的土壤一樣，一直以來都受到苛待，可以考慮在你要種的豆類和豌豆種子，加入所謂的根瘤接種劑（rizobial onoculant，rhizo＝根；bio＝生命）。種子型錄和園藝店可以買到這些接種劑。加入接種劑，就能確保土壤中有充足的細菌提供必需的氮，讓豆類和豌豆生長苗壯，而且附近的植物也能時常得到足夠的氮。

　　每年夏天，我都會在位於伊利諾州中部的花園種下三批四季豆：第一期作在五月初，第二期作在七月初，第三期作在九月初。每期作收成之後，我會拔起豆苗，放到花園的另一塊地上來

護根。不過，我拔起每一株老豆苗時，都會讚歎豆苗根部和根瘤菌的合作關係，那些根瘤菌會使豆苗根部形成圓形的根瘤，包住根部。這樣的團隊合作能為植物提供必需的氮，也讓細菌得到安穩的棲地和能量來源。

　　每個根瘤裡有數百萬個根瘤菌在產生植物能利用的氮（也就是氨。編注：氮的化學符號為 N，氨的分子式為 NH_3）。雖然植物周圍的空氣大約有四分之三是氮氣，但植物完全依賴細菌把無法利用的二氮分子轉換成可利用的氨。這些固氮細菌從附近的土壤移動過來時，首先會在根表面的細小根毛上找到立足之地，接著更深入根之中，包裹在個別的根細胞裡，促使這些根細胞分裂、擴張。因此，根部的細胞會長成特殊的形狀，在大量的膜狀囊胞中容納、包覆了數以千計的細菌（下一頁圖10.2）。

　　一個根瘤內部圖顯示了根細胞中充滿細菌，會產生一種複雜的酵素：二氮酶（dinitrogenase）。這種酵素最擅長在沒有氧氣干擾活性時，打斷兩個氮原子之間的強力鍵結。為了讓這種挑剔的酵素盡量不要曝露於氧氣中，植物細胞特地幫忙根瘤菌及其辛苦的二氮酶。豆科植物的根部細胞會產生一種含有鐵的紅色蛋白（和人類的血紅素有關，稱為豆科血紅素〔leghemoglobin〕），會主動和氧結合，而這正是植物細胞和細菌細胞合作共生關係的一環。豆科血紅素和根瘤附近的氧氣結合，在細菌的二氮酶進行固氮作用時，改善二氮酶的效率。

　　大約一百年前，科學家發現了他們的固氮方法 ── 從氮氣中製造含氮肥料或氨。不過他們也發現，打斷氮氣（N_2）兩個氮原子之間的強力鍵結，將氮轉化為氨（NH_3），需要大量的能量，

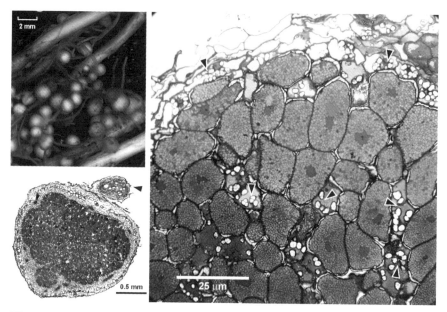

圖10.2：

左上：四季豆的根上滿是根瘤，其中含有數百萬個固氮細菌。

左下：一小條豆苗根（三角箭頭處）和附著的根瘤的切面，顯示一整個根瘤的內視圖，和根瘤菌所在的深色根細胞。

右：每個根瘤中含有許多根細胞，根細胞膨大，讓無數的細菌搬進根細胞的眾多膜狀囊胞之中。大約五十個染色的根細胞之間的空隙裡，有許多白色澱粉顆粒（三角箭頭處）占據——這是細菌的能量來源。（根瘤的外緣在圖上側。）

每一莫耳的氮氣大約要耗費全球百分之三到五的天然氣產量。現在，全球每年有超過一億噸耗能的合成肥料施用在田裡，通常是硝酸銨（NH_4NO_3）的形式。

植物最適合少量使用這種氮肥，不過為了方便，田裡通常施

用大量的氮肥。太多氮肥會讓土壤變酸，而用在排水不良的土壤，硝酸銨可能變成一氧化氮（NO）和一氧化二氮（N_2O）這兩種含氮氣體而消散。溫室氣體會吸收太陽的熱能，而一氧化二氮是最強大的溫室氣體，效力幾乎比最知名的溫室氣體二氧化碳多三百倍。

不幸的是，合成肥料施用的劑量遠比植物任何時候能利用的更多，於是多餘的氮肥對土壤中的眾多生物產生毒性衝擊。此外，由於植物不能一次用完施用的氮肥，所以大部分的氮肥會從土壤中散逸，或是被雨水淋溶流失。帶負電的硝酸鹽流失時，會帶走帶正電的養分，例如鈣、鎂和鐵。多餘的硝酸鹽流進河流和大海中，也會促進水藻和水草過度生長，當它們終於死亡、由微生物分解時，則會耗盡其他水中生物需要的氧氣。基於上述的各種原因，廣泛使用合成肥料對環境的傷害代價十分高昂。

除了住在植物根瘤細胞中的土壤根瘤菌，花園土壤裡還有無數的細胞為植物提供養分，保衛植物的健康。畢竟，如果是悉心照顧的花園土壤，一平方公尺的15公分表土估計就有十兆（10^{13}）個細菌。土壤中多樣性極高的細菌，能進行地球上其他生物都辦不到的化學轉換。這些數不清的細菌之中，有些細菌並不是存在於根瘤裡，而是以自由之身固氮。這些細菌和土壤中的其他細菌，能提供植物原本無法利用的養分，或把有毒的化學物質轉換成無害，甚至有用的物質。它們靠著各式各樣的抗生素，控制有害細菌和真菌的行為。土壤裡的細菌是化學大師，為花園創造不可或缺的無窮奇蹟。

最近發現，水楊酸、茉莉酸和乙烯這些植物荷爾蒙，不只會

保護植物的葉和莖，抵禦昆蟲、細菌和真菌的攻擊，也能控制哪些細菌能待在根內和周圍，幫助它們吸收養分，抵禦病原體和以根為食的生物（畢竟周圍土壤中有無數各式各樣的細菌）。

植物根部會分泌糖分，吸引土壤中的細菌。細菌大量聚集在植物的根部周圍，享用這些恩賜。不過，植物的根部對於搬進根部組織的細菌非常挑剔。根部分泌的荷爾蒙會抑制一些土壤細菌生長，促進其他細菌的生長。因此，住在根細胞之間的細菌群，時常和周圍土壤中的細菌群非常不同。植物的根對於與它們為伍的微生物非常挑剔。

菌根

我們開始體認到，幾乎所有植物根部（不論是野生或栽培的）都和菌根形成夥伴關係，有多重要。樹木的這些真菌同伴在地面上形成蕈菇，在地下則和樹木根部結盟（圖10.3）。

菌根的真菌菌絲包覆樹木根部，穿透根細胞之間，在真菌與根部的共生界面交換養分，但從不穿透根細胞細緻的細胞膜，對這些細胞造成任何傷害。真菌和樹木以網絡連結，在多棵樹木和真菌的網絡中分享及交換養分。這些真菌會在根的外表形成菌毯，是名副其實的外生菌根（ectomycorrhizae，ecto＝外部）。

不過，與園藝蔬菜和數千種草本植物中大部分成員為伍的菌根，和它們的綠色夥伴發展出更親密的關係。這些真菌不會形成蕈菇，完全只出現在土表之下，放棄獨立，成為綠色植物的夥伴。這類菌根的菌絲不只穿過根細胞之間，還會進入細胞壁裡，和細胞膜表面交錯結合──但從不穿透這些細胞的細胞膜。

圖10.3：真菌菌絲和樹木的根細胞形成外生菌根盟友，包覆了根尖，在地下形成緊密的網絡，讓真菌和相鄰的樹木交換養分。菌根菌利用來自樹木盟友的養分，在地上長出蕈菇，並且提供水分、礦質養分給綠色夥伴，保護它們不受土壤病原體侵襲。

這些內生菌根（endomycorrhizae，endo＝內部）又稱爲「囊叢枝菌根」（vesicular-arbuscular mycorrhizae, VAM）。內生菌根不只在根細胞裡形成囊胞（spherical vesicle，vesiculus＝小囊），也在個別細胞裡形成類似樹的分枝外形，也就是叢枝狀體（arbuscule，arbor＝樹；-culus＝小）。這些眞菌菌絲形成多分枝的形態，大幅增加表面積，而根細胞和眞菌細胞可以在這表面上交換養分、水，以及顯然有助於防禦地下任何敵人的物質（圖10.4）。

蘭科（Orchidaceae）是開花植物中最大的一個科，這些植物的種子要靠著菌根幫助，才會萌芽生長。蘭花有將近兩萬六千種，細長的種子特別迷你，長度從0.05公釐（人類毛髮的一半寬）到6公釐。其他開花植物在受粉時會形成富含養分的胚乳組織（見第一、四章），大部分種子都有不少空間分給胚乳，在胚剛開始生長的脆弱日子裡，這種儲存養分的組織可以滋養胚。不過，蘭花的種子這麼小，只有可容納未來植物的胚的空間。蘭花的胚少了胚乳，只能靠眞菌夥伴爲它們最初的日子提供營養，直到蘭花苗扎穩了根，開始進行光合作用。

植物的根能決定要和哪些細菌扯上關係，也能小心地控制與它們建立關係的眞菌。根細胞會分泌一類新發現的荷爾蒙，吸引土壤中的菌根。不過，這些荷爾蒙最早是因爲能促進獨腳金（獨腳金屬，*Striga*，striga＝女巫）這種寄生雜草發芽，因此被命名爲「獨腳金內酯」（Strigolactone）。在非洲一些地區，獨腳金是作物的主要寄生植物。發芽的獨腳金種子運用這種荷爾蒙，找到它的綠色植物根部寄主，穿透寄主的根細胞，侵入根中的木質部、韌皮部養分管道。

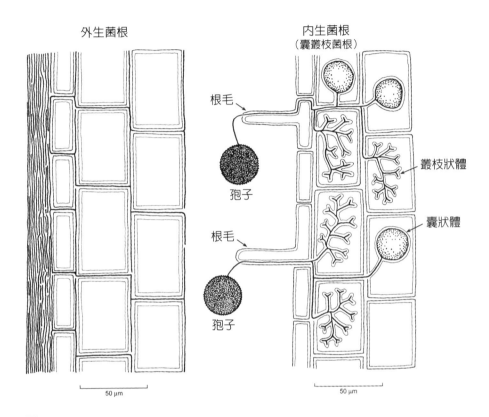

外生菌根

内生菌根
（囊叢枝菌根）

根毛

孢子

根毛

孢子

叢枝狀體

囊狀體

50 μm

50 μm

圖 10.4：

左：外生菌根和長方形樹根細胞的關係圖，顯示真菌菌絲在根部表面形成
一層菌毯（圖片左側），個別的菌絲則向細胞周圍和細胞之間延伸，但絕
不會真正穿透根細胞壁或根細胞膜。最細的線代表根細胞膜，最粗的線是
菌根菌的菌絲。中間粗細的線條代表根細胞的細胞壁。

右：這張圖中，内生菌根和草本植物根部的長方形細胞產生連結，真菌的
菌絲分岔成樹狀的形態，穿透根細胞的細胞壁，和根細胞的細胞膜交錯結
合（但不會穿透）。

這種寄生的夥伴關係不同於菌根的互利共生，而是只對獨腳金有好處，因為獨腳金會耗盡寄主的養分供給。雖然這些寄生的獨腳金會利用植物根部用來傳遞訊號的荷爾蒙，但綠色植物根部的獨腳金內酯也能吸引土壤中的菌根菌，植物所得到的好處遠遠超過獨腳金利用這種根部荷爾蒙而造成的損害。

🔍 觀察

綠色植物的根和土壤真菌之間的菌根關係有多普遍？為了檢查花園植物幼嫩細根是否有菌根，學界已發展出一種簡單的染色程序。Chlorazol black E 這種染劑能標示出真菌細胞壁上的基丁質（chitin），但不會染上植物細胞壁上的纖維素。植物根部細胞的細胞壁不含基丁質，所以不會被標示出來。

把一份 Chlorazol black E 溶液（水溶液濃度 1%）加入一份甘油和一份乳酸。將植物的根浸入這種深色染劑中，靜置隔夜或幾天，然後放進載玻片上的清澈溶液之中（含有一份的甘油和一份的乳酸）。用顯微鏡觀察時，根部組織會顯得透明，只看得到透明的根細胞壁和染黑的真菌（圖 10.5）。

💬 假設

為了判斷蔬菜和菌根之間夥伴關係的重要性，試看看接種菌根是否真的會改善花園裡蔬菜的生長狀況。菌根的接種劑可以在苗圃和種子行買到。種植一排同種的蔬菜，其中半排加入接種劑，另外半排不加接種劑。測量蔬菜一個或多個特徵，這些特徵必須明顯和植物的強健程度有關，比方說，植株的高度、基部葉

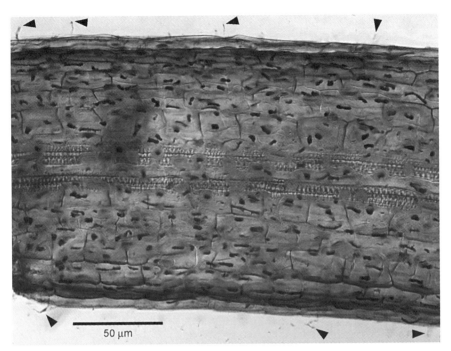

圖10.5：內生菌根菌的網絡，在辣椒的根細胞之間交錯結合，含有基丁質的真菌細胞壁被chlorazol black E這種生物染劑選擇性染色，造成醒目的深色菌絲、叢枝狀體和囊狀體。真菌菌絲以三角箭頭標示，是從土壤中的孢子進入辣椒根部。

片的大小、果實數目和大小。比較有菌根接種劑的蔬菜和沒接種劑的蔬菜，這些特性有明顯的差異嗎？

　　花園裡的蔬菜可能對彼此造成正面、負面影響，或毫無影響；這樣的觀察可能有許多解釋。一個解釋是假定菌根會參與蔬菜之間的交互作用。特定的蔬菜和菌根可能在地下形成看不見的相連網絡，所以花園中某些夥伴會因為特定的結盟而得利。其他

蔬菜夥伴無法建立菌根網絡，由此可見這些蔬菜不會彼此支持，或在彼此存在時無法生長得好。

　　眞菌和細胞一樣，多樣性很高，而且多才多藝，在花園裡負責各式各樣的任務。此外，有些眞菌有生物控制的功能，會在土壤裡梭巡，捕食其他眞菌、線蟲和昆蟲。其他眞菌扮演回收者的角色，並且有微生物和動物分解者大軍撐腰，替這些多樣的有益眞菌維持一個友善、有吸引力的環境。這些數不清的分解者產生一個誘人的地下棲地，讓園丁的無數微生物和無脊椎盟友搬入，占據其中。我的朋友湯姆・麥格根有一本園藝書的書名取得好：《備好棲地，幫手自來》。

分解者與養分回收

　　無數的眞菌、細菌和其他微生物（顯微鏡才能看到的生物）啓動了養分回歸土壤的過程，幫助植物生長。這些微生物回收死亡的動植物物質，確保植物容易取得生長必需的養分（圖10.6）。如果不斷收成花園裡的蔬果和其中的所有養分，會耗盡花園土壤裡的養分。而當我們用糞肥、堆肥、護根作物爲花園施肥時，能幫忙把失去的養分回歸土壤，提供回收者和分解者生存必需的動植物殘骸。

　　有些更常見、更大型的土壤回收者（例如蚯蚓），會協助微生物執行回收任務。蚯蚓幫忙分解大塊的枯枝落葉，將之嚼食、消化、排泄，讓微生物更容易完成自己的工作。大家完成工作之後，回收者也讓花園土壤所有失去的養分回歸土壤（甚至加入更

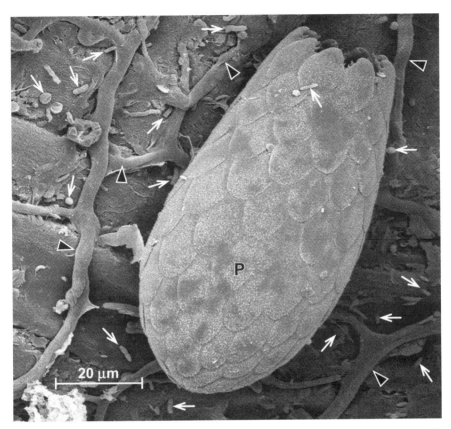

圖10.6：在花園裡腐爛中的植物物質中，微生物回收者會分泌酵素，幫忙分解葉子表面。所有重要的微生物回收者都在這張掃描式電子顯微鏡圖中：一隻原生動物華麗的殼（P）；真菌的菌絲（三角箭頭處）；以及各種形狀、各種大小的代表性細菌（箭頭處）。

多養分），使土壤再度肥沃，準備好栽培新一季的蔬果。

回收者能提高養分含量，改善土壤的化學性質。大型的回收者會把砂、粉砂、黏土這些礦質顆粒，與有機質混合，讓堅硬、

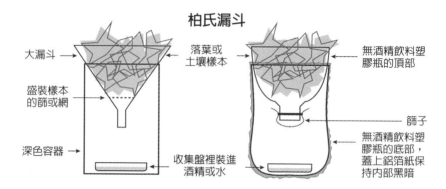

圖10.7：在柏氏漏斗中裝進土壤樣本或落葉。其中喜歡黑暗的生物為了逃避熱和光，會掉進下方的收集盤裡。漏斗下放著收集盤，上面鋪上白色的濕布或濕濾紙，就能收集生物，輕鬆在濕布或濕濾紙的表面觀看。觀察、欣賞完之後，可以把這些生物放回牠們的棲地。

緻密的土壤結構變成鬆軟的團粒，讓土壤擁有海棉般的結構，其中有無數的孔隙可讓空氣、水和根輕鬆穿過（p.150圖5.8）。

🔍 觀察

如果想觀察花園土壤裡的微生物回收者（例如細菌、原生動物、真菌菌絲等，這些長寬不及一公釐的生物），需要一具複合顯微鏡；不過較大的回收者也會協助微生物和蚯蚓分解及回收，你可以用簡單的漏斗輕鬆收集，如果沒有解剖顯微鏡，用放大鏡也能輕鬆觀察。

一個漏斗狀的容器可以當作柏氏漏斗（Berlese funnel，圖10.7）。2公升或4公升的塑膠瓶就很適合。這些長度或寬度至少

一公釐的回收者，包括蚯蚓、蝸牛，以及數量最多、多樣性最高的一群土壤生物——節肢動物。依據最新統計，全球節肢動物的數量是140萬，所有節肢動物都具備有節的腿，包括昆蟲、蟎、跳蟲、馬陸，和土壤中各種比較不常見但仍然重要的生物，例如稀奇古怪的原尾蟲和少腳綱動物（下一頁圖10.8）。

將這些土壤居民收集在一個放有濕潤濾紙或濕紙巾的培養皿中，觀察牠們的形態和習性，然後把牠們放回土裡。

這些回收者大軍住在富含有機質的健康花園土壤中。回收者小雖小，但每一平方公尺的花園裡有數以千計的回收者住在其中、發揮功用，因此能迅速分解植物殘骸，將養分回歸土壤。光是節肢動物，在一平方公尺、15公分深的表土中大約就有15萬隻，不論數目或多樣性都十分驚人。

假設

比較土壤加入或不加入有機改良劑時，特定植物的生長狀況。堆肥、血粉、骨粉、木屑、馬糞肥、鮮草屑、攪碎的秋天落葉、冬天的覆蓋作物和麥桿等，這些添加劑都能為花園土壤提供養分和有機質。

你預測在花園土壤加入哪種有機添加劑，最能促進蔬菜生長，而哪種能吸引最大量、最多樣的回收者？哪些改良劑不只改善土壤的化學性質，在混合有機質和土壤的礦質顆粒之後，也讓土壤結構變成海棉狀？枯枝落葉徹底腐爛之後剩下的有機質，被較大的回收者混合，讓土壤的礦質顆粒結合成小團粒，這些團粒之間有孔隙，允許水、空氣和根系在海棉狀的土壤中自由通行。

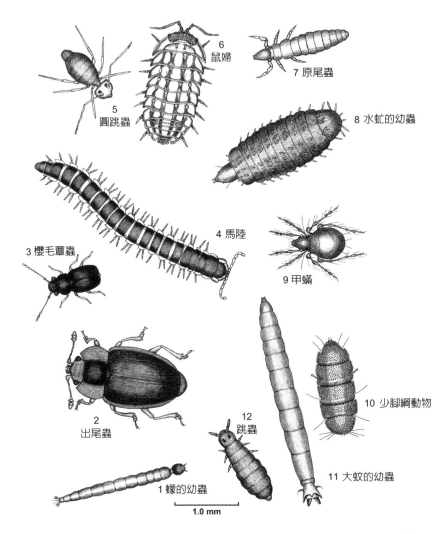

6 鼠婦

7 原尾蟲

8 水虻的幼蟲

5 圓跳蟲

4 馬陸

3 櫻毛蕈蟲

9 甲蟎

10 少腳綱動物

2 出尾蟲

12 跳蟲

11 大蚊的幼蟲

1 蠓的幼蟲

1.0 mm

圖10.8：除了看不見的微生物（細菌、原生動物和真菌），還有許多比較大但仍然很小的生物（適合用放大鏡觀察），這些生物會協助分解，把養分回歸土壤滋養新一代的植物，也會混合有機質和礦質顆粒，改善根系生長的物理環境。

圖中所有生物都是用柏氏漏斗從花園土壤中收集的節肢動物，這些動物為回收者和分解者提供一個舒適的棲地。可以找到的生物十分多樣，這裡只是幾例。從左下角開始，順時針排列：(1)蠓的幼蟲；(2)出尾蟲；(3)櫻毛蕈蟲；(4)馬陸；(5)圓跳蟲；(6)鼠婦；(7)原尾蟲；(8)水虻的幼蟲；(9)甲蟎；(10)少腳綱動物；(11)大蚊的幼蟲；(12)跳蟲。

在你的花園加入有機質，為回收者提供理想的食物和舒適的棲身之處，就能把這些自然食物網中不可或缺的成員引來你的花園（圖10.8）。不過回收者要把養分回歸土壤時，自己也需要養分來生存、繁殖。在微生物勤奮工作的同時，它們必須生長、繁殖，也要利用能取得的養分來生長和維持健康。時常短缺的一種養分是氮（N），凡是製造蛋白和核酸，都會用到氮這個元素。

細胞中和土壤中的相對氮濃度，是用氮和無所不在的碳（C）兩種營養的比值來表示。微生物細胞的碳氮比（C：N ratio）大約是15：1，在生長和繁殖時必須維持這個養分比例。菜園裡回收的原料，如果含氮量比較低，比例超過15：1，微生物就必須依賴附近的氮源，才能滿足自己的需求。因此，這會造成局部氮短缺的現象，使附近蔬菜的生長受到抑制。

如果微生物回收的有機質之碳氮比大於15：1，其實會耗盡原本花園蔬菜要利用的氮。不過，一旦碳氮比掉到15：1以下，忙碌的微生物回收者就會開始把氮加入土壤中。如果你在花園加入某些有機改良劑，其實會抑制蔬菜的生長；麥桿和木屑的氮含量都比較低（麥桿的碳氮比約為50：1，木屑的碳氮比則大約500：1），分解而得的氮很有限，所以添加這些改良劑會迫使微生物和蔬菜根競爭有限的氮。缺氮的植物生長緩慢，葉子不再翠綠，而是偏黃。要注意這些跡象。

種下一長排的同種蔬菜，例如萵苣、甜菜、四季豆或菠菜。把那一排分成六塊等長的區塊。一區不加任何有機改良劑，其餘五區加入下列的有機添加劑：木屑、麥桿、剛割下的草、樹葉、骨粉、血粉。

你預期哪一種添加劑最能刺激蔬菜生長。哪一種添加劑最無法刺激蔬菜生長？哪一種添加劑甚至會抑制植物生長？

掠食、寄生、授粉的益蟲

園藝植物的花靠著氣味和顏色，吸引許多動物訪客替它們傳播花粉。有些花會吸引胡蜂、某些甲蟲和蠅類的掠食者，不只在花與花之間傳播花粉，也是盟友，能控制某些不請自來的訪客。

蜜蜂和蝴蝶完全是授粉者，不過胡蜂和蠅類在花園裡扮演兩種關鍵角色：不只替花授粉，而且獵食許多害蟲。有些胡蜂會叮咬其他昆蟲，把昆蟲帶到自己的巢，給牠們的幼蟲當食物。其他胡蜂和一些蠅類會把卵產在毫無戒心的害蟲身上。卵孵化以後，胡蜂和蠅類的幼蟲會鑽進昆蟲害蟲的皮下，在那裡安頓下來，在寄主體內以寄主為食。

寄主昆蟲為寄生昆蟲提供棲身處和食物，直到寄生昆蟲停止進食，開始變態成成蠅和成年胡蜂。大部分的寄生昆蟲不只靠寄主成長，最後還會殺死寄主；這種生物稱為「擬寄生生物」（parasitoid）。造訪花朵的許多胡蜂、甲蟲和蠅類成蟲，在其生命開始時通常會以其他昆蟲為食 —— 可能是外面的掠食者，也可能是內部的寄生昆蟲。這些肉食性昆蟲、寄生昆蟲活躍的花園裡，植食性昆蟲不會造成問題，反而有助於花園中的許多昆蟲居民維持和諧的平衡。

有些甲蟲和蟲子（甚至一些蝶和蛾的毛蟲，例如紋白蝶和小菜蛾），會吃最愛的蔬菜莖葉；如果一個花園鼓勵所有昆蟲居民

都活下去，這些蔬菜食客可能分享一小部分的作物，但仍會留下不少給其他人。一個花園如果禁用殺蟲劑，植食性動物和食蟲動物和諧共存，就會有豐富的蔬菜收成，足以讓昆蟲和人類共享。擁有多樣花和蔬菜的花園是個迷人的棲地，能吸引各式各樣的生物群落，自然維持草食動物、掠食動物和寄生動物之間的平衡（下一頁圖10.9）。

假設

　　如果能種花（尤其是原生的花）來吸引蠅類、胡蜂、甲蟲、蜂、蝴蝶和蛾，那麼這些昆蟲不只能替我們的作物授粉，也能吸引一些獵食毛蟲的昆蟲，和其他吃蔬菜的昆蟲（有時是自己吃，但通常是為牠們的幼蟲提供食物，而幼蟲可能是寄生者或掠食者）。如果一個菜園有鄰近的花園，或花和蔬菜的行列穿插，應該就能降低植食性昆蟲造成損害的機會。此外，有花和小塊的野地，能讓任何菜園更賞心悅目。提高花園中植物和花的多樣性，絕對能提升其中昆蟲居民、微生物和其他動物的多樣性。

　　花凋謝、草乾枯，冬天降臨之後，花園生物的殘骸為重要園藝夥伴 —— 昆蟲和牠們的親戚提供舒適的避難所。昆蟲在發展的某個階段（卵、幼蟲、若蟲、蛹、成蟲）會暫停在溫暖天氣時進行的活動，進入發育停滯的一個階段 —— 這是昆蟲的休眠期（diapause，dia ＝經過；pauein ＝休止）。

　　許多寄生蜂和寄生蠅的幼蟲，到秋天就不再吃寄主。一進入冬天，牠們就會結蛹，等待春天降臨，孵化成成蟲。許多昆蟲的成蟲（例如草蛉、瓢蟲、步行蟲、隱翅蟲、小黑花椿象和益椿

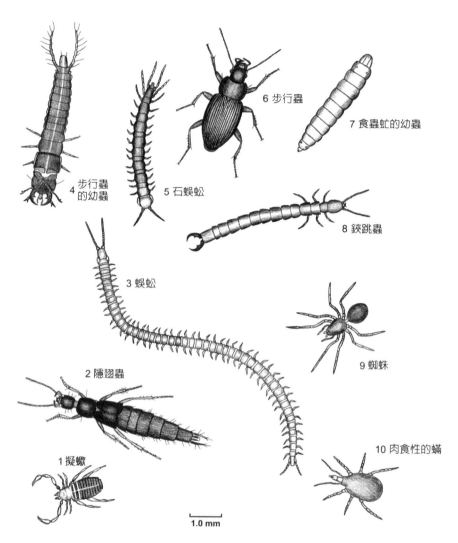

1.0 mm

圖10.9：除了比較明顯、較為人知的蟾蜍、鳥類、瓢蟲和螳螂，會保護花園不受害蟲侵襲，還有無數小型生物住在花園土壤中，扮演掠食者的角色，幫忙維持自然的和諧平衡。

下面列出土壤中少數幾種典型的肉食性節肢動物，這些節肢動物可見於園丁和大自然合作的土壤裡。從左下開始順時針：⑴擬蠍；⑵隱翅蟲；⑶蜈蚣；⑷步行蟲的幼蟲；⑸石蜈蚣；⑹步行蟲；⑺食蟲虻的幼蟲；⑻鋏跳蟲；⑼蜘蛛；⑽肉食性的蟎。

象）都是肉食性昆蟲，冬天窩在落葉層裡歇息。雖然蚱蜢的卵鞘和毛蟲的蛹此時在冰凍的地面下，但螳螂的卵鞘裡有胚，等待下一個夏天到來，牠就會成為蚱蜢和毛蟲的掠食者。螢火蟲的幼蟲和菊虎的蛹，在落葉層和土裡休眠到春天，直到春天或初夏才會變態。

把花草的殘骸留在花園裡，不只為土壤提供肥沃的有機質，也是掠食者、寄生者和分解者的營養避風港，讓牠們在冬季的月分裡安穩休息。這些生物中，許多以雜草為食，會吃雜草的種子。到了春天，牠們就從土裡冒出，急著進食、補充冬天休息時失去的養分，在新的一年裡維繫花園的自然平衡。

花園裡有一些彼此相連的世界，這些世界中，所有的植物、昆蟲、脊椎動物和微生物居民，都因為有時明顯、有時難捉摸的連結而互相糾纏。如果人類執著於乾淨的草皮和花園，而鏟除昆蟲和其他節肢動物在落葉層中的棲身之處，那樣不只鏟除了食蟲鳥類和哺乳動物在秋、冬、春季的富饒獵場，也鏟除了牠們築巢的場地和材料來源。

這些不乾淨的棲地提供了富含養分的昆蟲大餐，有助於確保過境鳥在長途旅程中能生存下來，也確保本地鳥類的雛鳥在繁殖期能存活。我們替無脊椎動物提供落葉層的棲地，同時也為瀕危鳥類提供了舒適的環境。

飢餓的植食性昆蟲遇到有許多花為伴的蔬菜，和遠離花朵的蔬菜，所造成的損害有什麼不同？你發現有些造訪花朵採花粉和花蜜的昆蟲，也會在蔬菜的葉、花、果上尋找獵物嗎？如果要用嚴密的比較來檢驗這個假設，就要每天計算植食性昆蟲、肉食性

昆蟲和寄生昆蟲的數目。不過，何不把花和蔬菜種在一起？畢竟各種花都會讓園子裡增添色彩和香氣。讓造訪這些花朵的生物有機會證明牠們的價值，對花園裡出沒於蔬菜之間的害蟲，發揮牠們生物控制的功能。

想像一下，農人在廣大的農地上讓一片片花和雜草交雜其中，當作授粉者和其他居民的避風港。這些雜草叢的許多昆蟲居民在生命早期的幼蟲時期，是掠食者和寄生者。許多較大型的動物（例如蟾蜍、蜥蜴、蝙蝠和鳥類）會住在牠們能發揮不小的作用、控制附近作物害蟲的地方。

讓這些自然的掠食者和寄生者來控制花園和農場裡的害蟲，不是比噴灑昂貴又危險的殺蟲劑，更聰明、經濟多了嗎？那些有毒化學物質一視同仁，不只摧毀花園裡的害蟲，也殺死花園的益蟲──寄生昆蟲、掠食者和授粉者。

即使是健康的花園，也有自己的有害生物；健康的花園裡，掠食者和寄生者總是等著吃一頓有害生物大餐（圖10.10）；而有害生物有許多種──有的是昆蟲，有的是微生物，也有雜草。少了這些食物，掠食者和寄生者也無法存在。

掠食者和寄生者從空中降落在花園裡，或是從下面的土裡鑽出來吃有害生物。有些花園的掠食者（例如螳螂、瓢蟲和隱翅蟲）終其一生都會獵食害蟲。不過，有些掠食者（例如菊虎毛茸茸的幼蟲和以蚜蟲為食的食蚜蠅幼蟲）在生命一開始時是掠食者，之後卻改變食性。

在幼蟲時期，這些蠅類和甲蟲是掠食者，成蟲時期則是不可或缺的授粉者。這些昆蟲在短暫生命的生活史中，和其他數千種

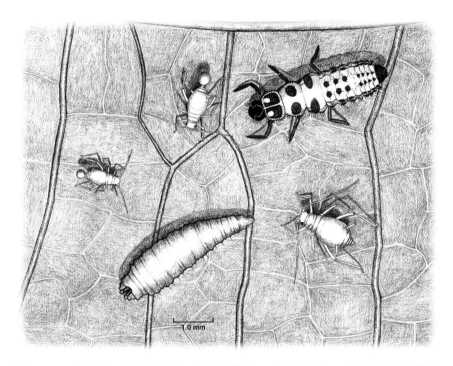

圖 10.10：地面上許多常見的肉食性昆蟲，對蚜蟲有天然的生物控制效果。瓢蟲的幼蟲從右上方逼近蚜蟲，左下食蚜蠅的幼蟲準備抓住三隻蚜蟲中最大的那一隻。這些肉食性幼蟲的形態和群落角色，都會在變態的過程中改變。這些肉食性幼蟲的蠅和甲蟲雙親受到花園裡的花吸引，扮演授粉者的角色。瓢蟲的成蟲雙親是雜食性，飲食多樣，除了花粉和花蜜，也吃蚜蟲和薊馬。

昆蟲一樣，時常不只在花園群落中扮演單一的重要角色，而是兩種截然不同（但都很重要）的角色。寄生蠅和寄生蜂靠著成蟲找到適當的寄主，幼蟲時期就以害蟲為食。然而，這些昆蟲從寄生的幼蟲長成成蠅和成年胡蜂之後，又擔起額外的任務，在牠們造

訪花朵採蜜、採花粉時，成為授粉者。

　　花園中多才多藝的真菌也扮演多重角色。它們是植物根部的菌根夥伴，協助根部吸收水和養分；是生物控制的媒介，能控制其他以植物為食的真菌；是掠食者，以線蟲和昆蟲害蟲為食；是回收者，負責分解植物物質，讓花園土壤更肥沃。

　　對花園裡的鳥類、蟾蜍和大型的螳螂來說，細小的蚜蟲、粉蝨、薊馬和葉蚤塞不了牙縫。然而，如果仔細觀察這些細小害蟲住的葉和花，會發現同一片葉子旁邊通常也有同樣細小的昆蟲出沒，伺機捕食、寄生這些害蟲。

　　不使用殺蟲劑的花園裡，所有成員組成一個平衡的群落——有草食動物、掠食者、寄生動物、分解者。不會有哪一群生物數量太大，也不會有哪群生物對植物造成太大的損害。在任何群落中，大家都扮演特定的角色，有各自的工作，有任務要執行。

後記

　　花時間和植物相處的人，總會欣賞植物能從看似毫不起眼的種子綻放出無數耀眼的形態，與植物對我們的感官刺激——眼中之美、鼻中之香、指下的質地和口中的風味。在科學上更了解植物的生命，絕對不會減損我們在植物身邊感受到的神奇、奧妙和驚喜。

　　明白植物是怎麼達成這些事、帶來這些喜悅，其實能讓我們更欣賞這些生物同伴。我們愈是研究植物的生命，確實會產生更多疑問，而且某些謎團變得更深奧。科學讓我們研究植物世界的美，也讓我們驚奇的感覺永無止境。

　　園丁和農人每天都在實驗。不論他們有沒有自覺，都是以科學方式思考。要仔細觀察、進行建設性的實驗，未必需要複雜的設備或昂貴的化學藥劑，只需要開始提高我們對植物的敏銳度；畢竟它們與我們共享這個時空。

　　我們的先人在他們的花園與實驗室裡，年復一年發現植物生命的新特性；而我們承襲了這些知識，以此為基礎繼續發展。好奇心驅策人們提出基礎的問題（植物是怎麼捕捉光能、從土壤吸收養分），或提出比較實際的問題（如何增加收成、種出更甜的胡蘿蔔或更紅的辣椒）。

　　回答基礎的問題和實際的問題，不只讓人理解身為植物的意

義，也讓我們知道怎麼幫助植物發揮它們的天賦。透過觀察和實驗，學習我們和植物共享的世界，其實就像在冒險，而且大大獎勵了我們的好奇心。只要抓到要訣，像好奇的科學家那樣思考其實很容易。

我們在花園裡漫步或做事時，可以提出許多和植物生命相關的問題，並得到解答。我們造訪花園，觀察、聞嗅、觸摸、品嚐，傾聽感官告訴我們的事。我們由感官得到的觀察，會激發我們的好奇，引發新問題，問道：「如果……會怎樣？」如果我們把植物放到新的環境會怎樣，或是在那樣的新環境中，其他生物對那些植物有什麼反應？提出假設的問題之後，我們能預測植物或其他生物會怎麼反應嗎？就讓想像力引導你吧。

本書中列出的實驗，專門設計來回答植物生命相關的特定假設。不過，即使沒做任何實驗，我們還是能從那些例子學到，怎麼對於進行日常任務，生長、開花、結果、準備過冬的植物提出問題。溫度、風和降雨經常變化，植物會隨之在地上與地下適應它們的環境。

我們愈來愈熟悉植物生長的情況，就能預測植物對某些處理有什麼反應；然而，植物（和人類與其他生物一樣）的反應時常超乎我們預期。發現我們預測失準的時候，新的挑戰就是找出解釋，提出新的假設。

提出沒人問過的問題，看到沒人發現過的事，欣賞你眼中獨一無二的美，推論出沒人懷疑過的可能 —— 這些造就了科學發現帶來的喜悅。探索的關鍵要素是好奇心和想像力；科學方法之父

指出：

眼前只有大海時，若覺得此去無陸地，就是差勁的探索者。

——法蘭西斯‧培根（Francis Bacon, 1561~1626）

附錄 A：植物生命中的重要化學物質

植物荷爾蒙

生長素

細胞分裂素

激勃素

乙烯

離層酸

獨腳金內酯

植物色素

葉綠素

類胡蘿蔔素

花青素

甜菜色素

代表性的剋他物質

咖啡因

胡桃醌

香豆素

刺槐乙素

檞皮素

硫化葡萄糖

葡萄糖

代表性的植物防禦物質

丹寧

茉莉酸
揮發性有機化合物

繖形科的呋喃香豆素

葫蘆科的葫蘆素

茄科的植物防禦素

附錄 B：書中出現的植物

　　以下列出本書中出現過的植物（包括蔬菜、樹木、水果、園藝花草〔以**標示〕、雜草〔以*標示〕）和所屬的科名。植物科名按拉丁文字母排序，各科下的植物按英文俗名的字母排序。俗名之後，列出屬名、種名，和一些植物的品種（variety, var.）或亞種（subspecies, subsp.）名。如果植物俗名後面寫著spp.，表示叫這個俗名的植物不只一種。

被子植物（angiosperm），開花植物

槭樹科（Aceraceae, maple family）

　　糖槭（sugar maple, *Acer saccharum*）

番杏科（Aizoaceae, carpetweed family）

　　*光葉粟米草（carpetweed, *Mollugo verticillata*）

莧科（Amaranthaceae, amaranth family）

　　*反枝莧（rough pigweed, *Amaranthus retroflexus*）

　　*綠穗莧（smooth pigweed, *Amaranthus hybridus*）

　　菠菜（spinach, *Spinacia oleracea*）

石蒜科（Amaryllidaceae, amaryllis family）

　　**水仙（daffodil, *Narcissus* spp.）

漆樹科（Anacardiaceae, cashew family）

　　*毒漆藤（poison ivy, *Toxicodendron radicans*）

＊滑葉櫨（smooth sumac, *Rhus glabra*）

繖形科（Apiaceae, carrot family）

　胡蘿蔔（carrot, *Daucus carota* var. *sativus*）

　芹菜（celery, *Apium graveolens*）

　蒔蘿（dill, *Anethum graveolens*）

　茴香（fennel, *Foeniculum vulgare*）

　香芹（parsley, *Petroselinum crispum*）

　＊野胡蘿蔔（wild carrot or Queen Anne's lace, *Daucus carota*）

天南星科（Araceae, arum family）

　蔓綠絨（philodendron, *Philodendron* spp.）

蘿藦科（Asclepiadaceae, milkweed family）

　＊敘利亞馬利筋（common milkweed, *Asclepias syriaca*）

菊科（Asteraceae, daisy or aster family）

　朝鮮薊（artichoke, *Cynara cardunculus* var. *scolymus*）

　＊紫菀（aster, *Aster* spp.）

　＊鬼針（beggar-ticks, *Bidens bipinnata*）

　＊＊金光菊（black-eyed Susan, *Rudbeckia* spp.）

　＊小牛蒡（burdock, *Arctium minus*）

　洋甘菊（又名德國洋甘菊，chamomile, *Matricaria chamomilla*）

　＊菊苣（chicory, *Cichorium intybus*）

　＊＊菊花（chrysanthemum, *Chrysanthemum* spp.）

　＊羊帶來（又名蒼耳，cocklebur, *Xanthium strumarium*）

　＊蒲公英（dandelion, *Taraxacum officinale*）

　菊苣或苦苣（escarole and endive, *Cichorium endivia*）

*北美一枝黃花（goldenrod, *Solidago canadensis*）

萵苣（lettuce, *Lactuca sativa*）

金盞花（marigold, *Calendula officinalis*）

**紫錐花（purple cone flower, *Echinacea purpurea*）

*豬草（ragweed, *Ambrosia artemisiifolia*）

向日葵（sun flower, *Helianthus annuus*）

*翼薊（thistle, *Cirsium vulgare*）

**百日草（zinnia, *Zinnia* spp.）

樺木科（Betulaceae, birch family）

樺樹（birch, *Betula* spp.）

紫草科（Boraginaceae, borage family）

*維吉尼亞假鶴虱（stickseed, *Hackelia virginiana*）

十字花科（Brassicaceae, cabbage family）

芝麻菜（arugula, *Eruca sativa*）

小白菜（bok choy, *Brassica rapa* var. *chinensis*）

青花菜（broccoli, *Brassica oleracea* var. *italic*）

抱子甘藍（Brussels sprouts, *Brassica oleracea* var. *gemmifera*）

高麗菜（cabbage, *Brassica oleracea* var. *capitata*）

花椰菜（cauliflower, *Brassica oleracea* var. *botrytis*）

大白菜（Chinese cabbage, *Brassica rapa* var. *pekinensis*）

羽衣甘藍（collards, *Brassica oleracea*）

芥藍（kale, *Brassica oleracea*）

球莖甘藍（kohlrabi, *Brassica oleracea* var. *gongylodes*）

芥菜（mustard, *Brassica juncea*）

白蘿蔔（oilseed radish, *Raphanus sativus*）

*獨行菜（pepperweed, *Lepidium* spp.）

蘿蔔（radish, *Raphanus sativus*）

蕪菁甘藍（rutabaga, *Brassica napus*）

塌棵菜（tatsoi, *Brassica rapa* var. *narinosa*）

蕪菁（turnip, *Brassica rapa*）

鳳梨科（Bromeliaceae, pineapple family）

鳳梨（pineapple, *Ananas comosus*）

石竹科（Caryophyllaceae, pink family）

*皂質草（又稱肥皂草，bouncing Bet, *Saponaria officinalis*）

*剪秋羅（campion, *Lychnis* spp.）

*繁縷（chickweed, *Stellaria media*）

*蠅子草（pink, *Silene* spp.）

藜科（Chenopodiaceae, goosefoot family）

甜菜（beets, *Beta vulgaris*）

*藜（lamb's quarters, *Chenopodium album*）

菾蓬菜（Swiss chard, *Beta vulgaris*）

旋花科（Convolvulaceae, morning glory family）

*田旋花（bindweed, *Convolvulus arvensis*）

甘薯（sweet potato, *Ipomoea batatas*）

山茱萸科（Cornaceae, dogwood family）

黑紫樹（又稱水紫樹，blackgum, *Nyssa sylvatica*）

**北美山茱萸（flowering dogwood, *Cornus florida*）

葫蘆科（Cucurbitaceae, squash family）

葫蘆（又稱扁蒲、蒲瓜，birdhouse gourd, *Lagenaria siceraria*）

黃瓜（cucumber, *Cucumis sativus*）

南瓜（pumpkin, *Cucurbita pepo*）

西瓜（watermelon, *Citrullus lanatus* var. *lanatus*）

櫛瓜（zucchini, *Cucurbita pepo*）

杜鵑花科（又稱石楠科，Ericaceae, heath family）

藍莓（blueberry, *Vaccinium corymbosu*）

蔓越莓（cranberry, *Vaccinium erythrocarpum*）

大戟科（Euphorbiaceae, spurge family）

**聖誕紅（poinsettia, *Euphorbia pulcherrima*）

*小錦草（prostrate spurge, *Euphorbia supina*）

豆科（Fabaceae, pea family）

苜蓿（alfalfa, *Medicago sativa*）

菜豆（beans, *Phaseolus vulgaris*）

刺槐（black locust, *Robinia pseudoacacia*）

絳紅三葉草（crimson clover, *Trifolium incarnatum*）

糧用豌豆（field pea, *Pisum sativum arvense*）

毛苕子（hairy vetch, *Vicia villosa*）

豌豆（pea, *Pisum sativum*）

花生（peanut, *Arachis hypogaea*）

大豆（soybean, *Glycine max*）

黃香草木樨（sweet clover, *Melilotus officinalis*）

*綠花山螞蝗（tick trefoil, *Desmodium viridiflorum*）

*白花三葉草（white clover, *Trifolium repens*）

殼斗科（Fagaceae, oak family）

山毛櫸（beech, *Fagus* spp.，水青岡屬）

赤櫟（red oak, *Quercus rubra*）

白櫟（white oak, *Quercus alba*）

牻牛兒苗科（Geraniaceae, geranium family）

*野老鸛草（cranesbill, *Geranium carolinianum*）

**天竺葵（cultivated geranium, *Pelargonium* spp.）

**牻牛兒苗（heronsbill geranium, *Erodium* spp.）

*芹葉牻牛兒苗（redstem storksbill or redstem filaree, *Erodium circutarium*）

金縷梅科（Hamamelidaceae, witch hazel family）

美國楓香（sweetgum, *Liquidambar styraciflua*）

美國金縷梅（witch hazel, *Hamamelis virginiana*）

水鼈科（Hydrocharitaceae, pondweed family）

美國水蘊草（waterweed, *Elodea canadensis*）

鳶尾科（Iridaceae, iris family）

**番紅花（crocus, *Crocus sativa*）

胡桃科（Juglandaceae, walnut family）

黑胡桃（black walnut, *Juglans nigra*）

唇形科（Lamiaceae, mint family）

羅勒（basil, *Ocimum basilicum*）

貓薄荷（又名荊芥，catnip, *Nepeta cataria*）

**彩葉草（coleus, *Coleus blumei*）

野薄荷（又名牛至、奧勒岡，oregano, *Origanum vulgare*）

西洋薄荷（又稱歐薄荷、胡椒薄荷，peppermint, *Mentha × piperita*）

迷迭香（rosemary, *Rosmarinus officinalis*）

鼠尾草（sage, *Salvia officinalis*）

夏香薄荷（summer savory, *Satureja hortensi*s）

百里香（thyme, *Thymus vulgaris*）

樟科（Lauraceae, laurel family）

北美檫樹（sassafras, *Sassafras albidum*）

百合科（Liliaceae, lily family）

蘆筍（asparagus, *Asparagus officinalis*）

細香蔥（chives, *Allium schoenoprasum*）

**萱草（daylily, *Hemerocallis* spp.）

大蒜（garlic, *Allium sativum*）

韭蔥（leeks, *Allium porrum*）

洋蔥（onions, *Allium cepa*）

錦葵科（Malvaceae, mallow family）

秋葵（okra, *Abelmoschus esculentus*）

*刺金午時花（spiny sida, *Sida spinosa*）

*莔麻（velvetleaf, *Abutilon theophrasti*）

芭蕉科（Musaceae, banana family）

芭蕉（banana, *Musa* spp.）

紫茉莉科（Nyctaginaceae, four o'clock family）

**紫茉莉（four o'clock flower, *Mirabilis jalapa*）

木犀科（Oleaceae, olive family）

**紫丁香（lilac, *Syringa vulgaris*）

柳葉菜科（Onagraceae, evening primrose family）

  ＊月見草（evening primrose, *Oenothera biennis*）

列當科（Orobanchaceae, broomrape family）

  ＊獨腳金（witchweed, *Striga asiatica*）

酢漿草科（Oxalidaceae, wood sorrel family）

  ＊莖直酢漿草（wood sorrel, *Oxalis stricta*）

商陸科（Phytolaccaceae, pokeweed family）

  ＊美洲商陸（pokeweed, *Phytolacca americana*）

車前科（Plantaginaceae, plantain family）

  ＊大車前（broadleaf plantain, *Plantago major*）

  ＊長葉車前草（buckthorn plantain, *Plantago lanceolata*）

懸鈴木科（Platanaceae, sycamore family）

  懸鈴木（sycamore, *Platanus* spp.）

禾本科（Poaceae, grass family）

  大麥（barley, *Hordeum vulgare*）

  大藍莖草（big bluestem, *Andropogon gerardii*）

  早熟禾（bluegrass, *Poa annua*）

  玉米（corn, *Zea mays*）

  ＊馬唐（crabgrass, *Digitaria sanguinalis*）

  ＊葦狀羊茅（fescue, *Schedonorus phoenix*）

  ＊金黃狗尾草（foxtail, *Setaria glauca*）

  燕麥（oat, *Avena sativa*）

  玉米粟（pearl millet, *Pennisetum glaucum*）

  ＊狗牙根（quackgrass, *Agropyron repens*）

裸麥（rye, *Secale cereale*）

甘蔗（sugarcane, *Saccharum officinarum*）

小麥（wheat, *Triticum aestivum*）

蓼科（Polygonaceae, buckwheat family）

蕎麥（buckwheat, *Fagopyrum esculentum*）

*羊蹄（又稱皺葉酸模，curly dock, *Rumex crispus*）

*扁蓄（prostrate knotweed, *Polygonum aviculare*）

*小酸模（sheep sorrel, *Rumex acetosella*）

馬齒莧科（Portulacaceae, purslane family）

*馬齒莧（purslane, *Portulaca oleracea*）

薔薇科（Rosaceae, rose family）

蘋果（apple, *Malus pumila*）

*水楊梅（avens, *Geum canadense*）

黑莓（blackberry, *Rubus allegheniensis*）

梨（pear, *Pyrus* spp.）

覆盆子（raspberry, *Rubus idaeus*）

**玫瑰（rose, *Rosa* spp.）

唐棣屬（serviceberry, Amelanchier spp.）

草莓（strawberry, *Fragaria ananassa*）

茜草科（Rubiaceae, *madder family*）

*豬殃殃（catchweed bedstraw, *Galium aparine*）

阿拉比卡咖啡（又稱小果咖啡，coffee, *Coffea arabica*）

楊柳科（Salicaceae, willow family）

楊樹（cottonwood, *Populus* spp.）

柳樹（willow, *Salix* spp.）

玄參科（Scophulariaceae, figwort family）

　＊毛蕊花（mullein, *Verbascum thapsus*）

苦木科（Simaroubaceae, tree of heaven family）

　臭椿（tree of heaven, *Ailanthus altissima*）

茄科（Solanaceae, nightshade family）

　茄子（eggplant, *Solanum melongena*）

　辣椒（pepper, *Capsicum annuum*）

　馬鈴薯（potato, *Solanum tuberosum*）

　翼柄菸草（tobacco, *Nicotiana tabacum*）

　番茄（tomato, *Solanum lycopersicum*）

菫菜科（Violaceae, violet family）

　＊紫花苜蓿（common blue violet, *Viola sororia*）

葡萄科（Vitaceae, grape family）

　釀酒葡萄（table and wine grapes, *Vitis vinifera*）

　＊野葡萄（wild grape, *Vitis vulpine*）

裸子植物門，針葉樹（GYMNOSPERMS, Conifers）

松科（Pinaceae, pine family）

　冷杉（fir, *Abies* spp.）

　鐵杉（hemlock, *Tsuga* spp.）

　松（pine, *Pinus* spp.）

　雲杉（spruce, *Picea* spp.）

詞彙表

◎**1劃**

一次代謝物（primary metabolite）：見 p.286 代謝物。

乙烯（Ethylene）：這種有機氣體恰好也是一種植物荷爾蒙，能
　　促進葉子離層、果實成熟，抑制芽生長。

◎**2劃**

二次代謝物（secondary metabolite）：見 p.286 代謝物。

二氮酶（dinitrogenase）：根瘤菌的一種酵素，能把氮氣（N_2）
　　轉換成氨（NH_3）。

◎**3劃**

上胚軸（epicotyl，epi＝上；cotyl＝子葉）：屬於胚的一部分，
　　位於子葉接合處上方，注定形成成熟植物的地上部。

下胚軸（hypocotyl，hypo＝下；cotyl＝子葉）：植物的胚在子
　　葉連接處下方的區域，注定形成成熟植標的地下部。

口針（stylet）：某些昆蟲的口器，這些昆蟲刺穿植物組織為食。

土壤改良劑（amendments，emendare＝改善）：在土壤中加入
　　人工肥料之外的添加劑，改善土壤的肥力或土壤結構。這
　　些土壤改良劑會改變土壤的化學、物理性質。

土壤肥力（fertility of soil）：土壤供應植物生長必需養分的能

力。

土壤結構（soil structure）：由於砂、粉砂、黏土這些無機礦質顆粒，與土壤有機質相互作用，使得土壤礦質顆粒排列成自然形成的團粒。

土壤質地（soil texture）：土壤質地受到三種礦質顆粒（砂、粉砂、黏土）的相對比例影響。這三種礦質顆粒來自岩石風化，三者直徑各異：砂的直徑是0.05到2.0公釐；粉砂是0.002到0.05公釐；黏土則小於0.002公釐。

大孢子（megaspore）：未成熟的雌配子體，分裂形成成熟配子體的七個細胞。

子葉（cotyledon，seed leaf，cotyle＝杯狀）：種子中的養分儲存組織，包覆著植物的胚。

小孢子（microspore）：未成熟的花粉粒（雄配子體），分裂形成成熟的雄配子體（花粉）。

不定根（adventitious roots，adventicius＝在外部產生）：種子的下胚軸注定發育為植物的初生根（primary root），而一般的根是從下胚軸發展出的組織萌發而來；不定根則是從反常的位置長出來──例如葉或莖。

◎**4劃**

元素（element）：這種化學物質無法進一步分解成其他性質不同的化學物質。

內皮（endodermis，endo＝內；dermis＝皮）：根內部外圈的一層細胞，選擇性控制特定礦質養分從土壤進入根部中央的

維管系統。

分化全能細胞（totipotent cell，toti＝全；potent＝強大）：任一
生物身上的這種細胞，能產生該生物身上其他所有種類的
細胞。

分生組織（meristematic，meristos＝可分裂）：活躍分裂的一區
細胞。其中包括許多幹細胞。

分解者（decomposer）：這類生物靠著分解其他生物的殘骸或廢
棄物，而得到能量和養分。

化合物（compound）：這類化學物質中含有兩種或多種元素，
並且以固定的比例結合。

木質部（xylem，xylo＝木材）：屬於維管束組織，其中的細胞
會從土壤輸導水和養分。木質細胞位於莖、根或樹幹中央
和更外層的韌皮部維管束細胞之間。

毛狀體（trichome，tricho＝毛）：表皮的突出物，由一個或多
個細胞構成。有些毛狀體會分泌特定的物質。

水楊酸（salicylic acid）：一種荷爾蒙，能誘使植物產生防禦物
質，控制哪種微生物能與植物的根部合作。

◎ **5劃**

代謝物（metabolite，metabol＝改變）：生物產生的化學物質。
其中有些（一次代謝物）對生物體生長、發育、繁殖不可
或缺。而有些化學物質對生物與環境的互動很重要，但通
常不是生存必需，則稱為二次代謝物。

平衡石（statolith，stato＝靜止；lith＝石）：澱粉體這種特殊葉

綠體中形成的澱粉顆粒，會隨著重力而改變位置，是植物的重力感測器。

永續農業（sustainable farming）：將耕種時帶走的養分回歸土壤，維持而不是削弱土壤的養分含量和結構。

生長素（auxin，auxe＝生長）：這種植物荷爾蒙會控制植物的頂芽優勢，影響方向性的生長以及植物發育的許多階段。

生態（ecology，eco＝家；logo＝研究）：研究生物之間、生物和環境之間互動的學問。

白化（etiolation，etiol＝蒼白）：缺乏光線導致植物的不正常生長，造成葉綠素流失、葉子發育受阻，莖部過度伸長。

皮孔（lenticel）：植物的莖或馬鈴薯塊莖上的小孔，是氣體交換的地方。

皮層（cortex）：指(1)根部的表皮最外層和內皮內圈之間的細胞，或(2)莖部的表皮和維管束組織之間的細胞。

◎ **6劃**

休眠（dormancy）：休止時期，期間的生理活動降低。

休眠期（diapause，dia＝經過；pauein＝休止）：昆蟲一生中發育停滯的時期。

光合作用（photosynthesis，photo＝光；syn＝一起；thesis＝安排）：用葉綠素這種綠色色素捕捉光能，利用捕捉的能量使二氧化碳和水結合，產生葡萄糖和氧。

光週期（photoperiod）：光（白晝）和暗（黑夜）的長度和時機。

光呼吸（photorespiration，photo＝光；respiro＝呼吸）：反轉光合作用，將葡萄糖和氧氣結合，轉化成二氧化碳和水。光呼吸過程中會釋放能量。

全球暖化（global warming）：地球暖化，可能原因是大氣中一些會將太陽能（熱）困在地球表面的氣體（例如二氧化碳、甲烷和一氧化二氮）變多了。

共生（symbiosis，sym＝一起；bio＝活；sis＝過程）：兩個不同的生物體之間一種親密、持續的互惠關係。

再生農業（regenerative farming）：把栽培作物時帶走的養分回歸土壤，持續改善土壤的養分含量和結構。

同步大量結實（mast）：果實不尋常的大量收成。

地下莖（rhizome，rhizo＝根）：地下的莖或塊莖。

有機（organic）：有機物是天然物質，具有碳、氫二種元素。

自主散播（autochory，auto＝自己；chory＝散播）：種子散布時不需要動物協助，就能散布種子。

自由基（free radical）：帶著負電荷的分子，具有不成對電子，可能和細胞內的化合物發生反應而損害細胞。抗氧化劑能提供電子，中和有害的自由基。

色素體（chromoplast，chromo＝顏色；plast＝形體）：累積胡蘿蔔素這種色素的葉綠體。

◎7劃

伴細胞（companion cell）：韌皮組織中篩管細胞的姊妹細胞。

這種細胞保有所有的胞器（包括細胞核），支持缺乏細胞核的姊妹細胞運作。

呋喃香豆素（furanocoumarins）：一些植物（包括繖形科的成員）產生的一類植物防禦物質。

形成層（cambium，cambium＝交換）：莖外圍分生組織層的細胞，向莖或根的外側（樹皮）分裂形成韌皮細胞，向莖或根的內部分裂形成木質細胞。

抗氧化劑（antioxidant）：植物色素或維生素等等的化學物質，能消除其他化學物質（具不成對電子的氧化劑和自由基）造成的損害。那些其他化學物質會使活細胞中的化合物得到氧、失去負電荷，而氧化、改變化學性質，導致組織發炎。

折射（refraction）：光束通過一種介質（通常是空氣）和另一種介質（通常是液體）的界面時，發生轉向的情況，以折射計（refractometer）或糖度計（Brix meter）這種儀器來測量。

系統性防禦（systemic acquired resistance, SAR）：全株植物對於草食動物和微生物的攻擊免疫，或提高抵抗力。

豆科植物（legume）：豆科的成員。豆類、三葉草、豌豆、花生等豆科植物，因為與固氮細菌的關係而聞名。

◎**8劃**

受精（fertilization，fertil＝結實累累）：精和卵結合，最後產生種子與果實。受粉之後才會受精。

固氮（fixation of nitrogen）：將氮氣（N_2）轉換成氨（NH_3）的過程，需要消耗能量。

固碳（fixation of carbon）：固碳發生在光合作用的第一個階段，將一分子的二氧化碳（CO_2）和一分子五碳的二磷酸核酮糖（ribulose bisphosphate）結合，產生兩個分子的三碳磷酸甘油酸（phosphoglycerate）。

孢子體（sporophyte，spora＝孢子；phyte＝植物）：植物的生活史中會形成孢子的時期；孢子體是由配子（精和卵）融合形成。每個配子攜帶植物半套的遺傳物質（n），受精時兩個配子融合之後，形成的孢子體就擁有完整的遺傳物質（2n）。

底土（subsoil）：表土下方的土壤層，在耕種時不會被擾動。

油質體（elaiosome，elaion＝油；soma＝體）：某些種子上附著了這種營養而富含蛋白質與油脂的質體，會吸引螞蟻，以促進種子的傳播。

泌水器（hydathode，hydat＝水的；hod＝路）：葉尖的一種構造，由細胞形成，輸導木質細胞因為根壓而排出的水和養分。

泌液作用（guttation，gutta＝滴）：木質細胞裡的根壓上升，使得葉尖的特殊管道排出汁液的小水珠。

花青素（anthocyanins，anthos＝花；cyanos＝深藍）：植物的一類紅、藍、紫色水溶性色素，存在於細胞的液泡中。

花粉（pollen，pollen＝塵埃）：雄的小孢子，為一朵雌花的雌蕊授粉之後成熟、分裂，形成兩個精細胞和一個花粉管細

胞。

花藥（anther，antheros＝雄花）：雄花（staminate）上帶有花粉的部位。

芽（bud）：這種構造位在莖尖或葉腋，含有幹細胞。

表土（topsoil）：土壤最上層，在耕種時受到擾動。

表皮（epidermis，epi＝上；dermis＝皮）：覆蓋根、莖、葉、花、果實表面的一層細胞。

◎**9劃**

剋他物質（又稱「種間交感物質」，allelochemical）：自然產生的化學物質，具有抑制的效用。

厚壁組織（sclerenchyma，scler＝硬；enchyma＝插入）：一種具有厚細胞壁的細胞，能強化、支持植物的某些部位。

相剋作用（又稱「毒他作用」，allelopathy。allelo＝彼此；pathy＝傷害）：一植物對另一植物有抑制效應。

胚（embryo）：種子內部的植物形體。發育的早期階段，發生在受精後、種子萌發之前。種子的胚時常被稱為「胚芽」。

胚乳（endosperm，endo＝內；sperm＝種子）：種子儲藏養分的地方，包覆在胚之外。兩個精細胞中，有一個精細胞核與雌配子體七個細胞中最大的細胞（極細胞）的雙細胞核融合，於是產生胚乳。

胚珠（ovule）：雌花（pistillate）的一部分，含有注定形成胚和胚乳的雌配子體，以及雌配子體周圍注定形成未來種皮的細胞。

胞器（organelle，organ＝器官；elle＝小）：細胞中的一個構造，擁有自己的結構和功能。

茉莉酸（jasmonic acid）：植物藉著這種荷爾蒙來防禦草食動物，避免細菌對根的爲害。

食物網（food web）：生物之間的互動網絡，描述食物的能量如何在植物、草食性動物、肉食性動物、寄生動物和分解者之間交換。

◎ **10劃**

原生動物（protozoa，proto＝最早的；zoa＝動物）：這些單細胞微生物包括變形蟲狀的生物（有的有殼，有的無殼）、靠著體表纖毛（cilia，cilium＝毛）運動的生物，以及揮舞一至多條鞭毛（flagella，flagellum＝鞭）而動的生物。

振動授粉（buzz pollination）：參見p.300聲波共振授粉（sonication pollination）。

根毛（root hair）：每個根表皮細胞朝土壤伸出的延伸物。

根冠（root cap）：頂針狀的一層細胞，覆蓋並保護根尖，細胞分裂活躍。根冠有感應重力的平衡石（澱粉顆粒）。

根瘤菌（rhizobium，rhizo＝根；bios＝生命）：在豆科植物根瘤中共生的一種細菌。

氣孔（stoma，複數stomata，stoma＝口）：葉子表面（表皮）的一個孔洞，每個氣孔周圍都有兩個保衛細胞，會膨脹、收縮，以控制氣孔的大小。氣孔開合能控制水和空氣進出葉子的情況。

氧化（oxidation）：一個化合物失去負電荷的過程，通常是得到一個氧原子，或失去一個氫原子。

病原體（pathogen）：使植物表現出病徵的微生物。

胺基酸（amino acid）：蛋白質的基本組成單元。

草食性動物（herbivore，herbi ＝植物；vor ＝吃）：吃植物的動物。

迴旋轉頭運動（circumnutation，circum ＝周圍；nuta ＝點頭、搖晃）：植物一部位的旋轉動作。

配子體（gametophyte，gamete ＝配偶；phyte ＝植物）：植物生活史中的有性階段，會形成配子（精和卵），只攜帶半套遺傳物質（n）。

◎ 11 劃

假設（hypothesis，hypo ＝下；thesis ＝規則）：對一種現象提出可以檢驗的解釋。

堆肥（compost）：收集有機質在土壤外混合，分解後產生腐植質，這種方式損失的養分最少。

寄生生物（parasite）：靠著另一生物（寄主、宿主）而生存的生物。寄生生物依賴寄主，通常不會殺死寄主。

捲鬚（tendril，tendere ＝向外延伸）：特化的葉或莖，能纏繞接觸到的物體，為植株的其他部分提供支持。

授粉、受粉（pollination）：花粉從一朵花的雄蕊轉移到一朵花的雌蕊上。裸子植物的雄毬花會產生花粉。裸子植物的授粉是花粉從雄毬花轉移到雌毬花上。

掠食者（predator）：這類的動物從其他動物（獵物）身上得到養分，但不會住在其他動物體內，或依賴其他動物為生。

甜菜色素（betalains）：仙人掌和藜科（甜菜、菾蓬菜）、莧科（菠菜、莧）、紫茉莉科與馬齒莧科的部分成員，是會產生這類紅、橙、黃色色素的園藝植物。甜菜色素和花青素一樣是水溶性，存在於細胞液泡中。

硫化葡萄糖苷（glucosinolate）：一種簡單的化合物，由一個葡萄糖的部分和一個胺基酸的部分組成。十字花科（又稱薹菜科）的成員和其他一些植物會產生這些化合物。硫化葡萄糖苷有許多功能，例如：人類飲食中的健康養分；植物的剋他物質；對大部分昆蟲是有毒物質；但會吸引少數昆蟲。

粒線體（mitochondrion，mitos ＝ 線；chondrion ＝ 顆粒）：細胞中的這種胞器用ATP（三磷酸腺苷，adenosine triphosphate）的形式供應能量。

細胞分裂素（cytokinins）：一種植物荷爾蒙，不只促進細胞分裂，也會和其他荷爾蒙交互作用，促進植物組織的生長和發育。

細胞骨架（cytoskeleton）：由微絲和微管構成，為細胞提供內部的結構支撐。

荷爾蒙（hormone，hormon ＝激發）：化學物質，能調控植物發展過程中的重要事件。

被子植物（angiosperm，angio ＝包住；sperm ＝種子）：這類植物包括形形色色的維管束植物，全球大約有22萬種，會長

出花朵，將種子包在果實內。

頂芽優勢（apical dominance）：植物莖部最上方的芽（頂芽，apical bud）對莖部較下方的芽有優勢影響，會抑制那些芽的生長和發育。

◎ 12 劃

單子葉植物（monocot，mono ＝一；cot ＝子葉的縮寫）：屬於兩大群開花植物中的一群。單子葉植物的種子發芽時，具有一枚子葉。

單性結果（parthenocarpy，parthenos ＝未受精，處女；carpy ＝果實）：未受粉、受精，就發展出果實。

媒染劑（mordant，morda ＝咬住）：一種化學物質，在染製的過程中，用來把顏色固定在布料上。

揮發性有機化合物（volatile organic compound, VOC）：植物被草食性動物或微生物攻擊後，釋放到空氣中的一種化合物。

植物防禦素（phytoalexin，phyto ＝植物；alexin ＝防禦）：一種二次代謝物，是植物細胞因為微生物侵入而產生的防禦物質。

發芽（germination）：種子或孢子萌芽的過程。

菌根（mycorrhiza，myco ＝真菌；rhiza ＝根）：真菌和植物根部形成的互利關係。

費波那西數列（Fibonacci series）：一連串的數字，開頭是 0 和 1，之後的數字是前兩個數字的和（0, 1, 1, 2, 3, 5, 8, 13, 21

……）。植物的許多幾何圖案（例如分枝樣式和植物部位的螺旋排列）都能用費波那西數列的數字來描述。

陽離子（cation）：帶正電的元素或養分。

雄蕊（stamen，stamen＝線）：花朵中形成花粉的雄性部分（器官）。

韌皮部（phloem，phloem＝樹皮）：屬於維管束組織。構成韌皮部的細胞形成管道，輸導光合作用產生的糖分。韌皮組織呈同心圓，界於莖、樹幹或根外表面，和比較內部的木質部維管束細胞之間。

黃化（chlorosis，chloros＝綠；osis＝病態）：植物因為缺乏礦物質而失去綠色色素。

塊根與塊莖（tuber）：塊莖（stem tuber）是膨大的地下莖（例如馬鈴薯）。塊根（root tuber）是膨大的儲存根（例如甘薯）。

◎ **13劃**

幹細胞（stem cell）：一種未特化細胞，能無限分裂，產生像自己一樣的未特化、未分化細胞，或是其他分化成特化細胞的細胞。

微生物（microbe）：必須用顯微鏡才容易看到的生物，包括細菌、原生動物、真菌和藻類。

溫室氣體（greenhouse gas）：玻璃會把熱能困在溫室內，同樣的，二氧化碳、甲烷和一氧化二氮等氣體也會把熱困在大氣內，使得地球增溫。

節肢動物（arthropods，arthro＝關節；poda＝腿）：這類動物繁多而多樣，沒有脊椎，肢體有分節。全球描述過的節肢動物至少有140萬種。

節點（node，nodus＝節）：莖或地下莖長出芽或葉子的位置。

葉柄（petiole，petiolus＝little stalk）：連接葉片和莖或枝條的梗子。

葉腋（axil，axilla＝armpit）：側枝、細枝或葉柄和它們長出的垂直莖軸（莖）形成的上方夾角。

葉綠素（chlorophyll，chloro＝綠；phyll＝葉）：植物體中的綠色色素，可捕捉紅光和藍光，用在光合作用中。

葉綠體（chloroplast，chloro＝綠；plast＝形體）：植物細胞裡的胞器，其中含有葉綠素和類胡蘿蔔素。

葫蘆素（cucurbitacins）：葫蘆科植物產生的一類植物防禦物質。

◎ **14劃**

滲透作用（osmosis，osmos＝推）：物質從高濃度的地方移動到低濃度的地方。

睡眠運動（sleep movement）：植物的一種運動，受到細胞膨壓驅動，與每日的光暗週期同步。

管胞（tracheid，trachea＝氣管）：木質組織裡中空長形、兩端收尖的細胞。所有維管束植物的木質組織中都有管胞。

維管束（vascular，vascu＝管道）：植物用來運送的輸導組織，可以向上運送水和養分（木質組織），或運走葉子裡的糖分和水（韌皮組織）。

維管束植物（vascular plant）：擁有木質和韌皮輸導組織的任何植物。包括所有開花植物、裸子植物、蕨類植物和木賊，但不包括苔蘚植物。

腐植質（humus，humi＝土）：大部分植物和動物殘骸分解完成之後，留在土裡的有機質，帶負電。

蒸散作用（transpiration，trans＝越過；spiro＝呼吸）：葉子表面的小孔（氣孔）排出水蒸氣。

蜜露（honeydew）：消化不完全的植物汁液，通過吸食汁液的昆蟲腸道之後仍然保有一些養分。

裸子植物（gymnosperm，gymnos＝裸露；sperm＝種子）：這一群維管束植物有720種，產生的種子並未包覆在果實中。

酵素（enzyme）：促進化學轉換的一種蛋白質。

酸性土（acid soil）：酸性土壤中的氫離子$[H^+]$濃度大於千萬分之一。換句話說，土壤pH值（$log101/[H^+]$）小於7。

雌蕊（pistil，pistillum＝杵）：花的雌性部分（器官）。

◎**15劃**

線蟲（nematode，nema＝線；odes＝相似）：這些細小的線蟲在肥沃的土壤裡非常多，一平方公尺大約有500萬條。在花園的食物網裡，牠們會吃微生物、真菌和植物根部，或比較小的線蟲。吃線蟲的則有某些微生物、真菌、比較大的線蟲，和其他小型無脊椎動物。

養分（nutrient）：會滋養及促進生物生長的一種元素或化合物。

導管細胞（vessel cell）：木質組織中的一種細胞，中空圓柱形，兩端有開口。這些中空的細胞排成一列，形成長長的管道，向上輸送養分和水分。只有開花植物的木質組織中有導管細胞。

澱粉（starch）：糖（葡萄糖）分子頭尾相連，形成葡萄糖的聚合物，時常在冬天儲存在細胞裡，春天再轉換成糖分。

澱粉體（amyloplast。amylo＝澱粉；plast＝形體）：植物細胞內的胞器，從葉綠體轉化而成，負責儲藏澱粉。

激勃素（gibberellic acid）：一種植物荷爾蒙，能促進細胞延長、種子發芽、芽生長，但會抑制葉子離層、果實成熟。

獨腳金內酯（Strigolactone）：根細胞分泌的一種荷爾蒙，不只吸引有益的共生菌根菌，也會吸引寄生於根的植物。

篩管細胞（sieve-tube cell）：韌皮部伴細胞的姊妹細胞。這些細胞呈管狀排列。為了促進糖分和水在篩管中移動，每個細胞都失去細胞核和液泡；所有小型的胞器都貼在靠近細胞膜處。篩管細胞靠著多孔的末端細胞壁，和相鄰的細胞連接。

膨壓（turgor pressure，turgo＝膨脹）：水對堅硬的植物細胞壁產生的壓力。

◎ **17劃**

擬寄生生物（parasitoid）：靠著寄主而生存的生物，在成熟、不再依賴寄主生存之後，就會殺死寄主。

糞肥（manure）：動物的糞便，其中的有機質和無機養分能讓土壤更肥沃。

聲波共振授粉（sonication pollination）：蜂類的嗡嗡聲之類聲響的能量，能擾動一個樣本上的粒子。花粉粒需要特定的某些音頻，才能脫離雄蕊，進行授粉。又稱「振動授粉」（buzz pollination）。

薄壁組織細胞（parenchyma，par＝旁邊；enchyma＝插入）：這種薄壁的植物細胞經過特化，專門儲藏養分。

還原（reduction）：一個化合物得到一個負電荷；時常是失去一個氧原子，或得到一個氫原子。

◎ **18劃以上**

藏卵器（archegonium，archae＝原始；gonium＝雌性生殖器官）：蕨類或苔蘚配子體上的瓶狀構造，內部會形成卵子。

藏精器（antheridium，antheros＝雄花；idium＝小）：蕨類或苔蘚配子體的瓶狀構造，內部會形成精細胞。

覆蓋作物（cover crop）：兩次收成之間種下的作物，用來保護土壤，避免土壤受到侵蝕，並且會增加土壤中的礦質養分和有機質。覆蓋作物又稱「綠肥」（green manure）。

雙子葉植物（dicot，di＝二；cot＝子葉的縮寫）：屬於開花植物兩大群中的一群。雙子葉植物的種子發芽時，具有兩枚子葉。

離層（abscission，absciss＝切斷）：葉柄基部的細胞分解，使葉柄和莖分離。

離層酸（Abscisic acid）：這種植物荷爾蒙會影響植物生命中的許多階段，包括控制發芽、芽的發育、果實成熟和蒸散作用。

壞死（necrotic，necros＝死）：局部組織死亡。

蟻媒種子傳播（myrmecochory，myrmex＝蟻；chory＝傳播）：靠蟻類協助的種子傳播。

類胡蘿蔔素（carotenoids，carota＝胡蘿蔔）：這類植物色素存在於葉綠體的膜上，呈現黃色和橙色的色彩。

礦物質（mineral）：無機化合物，來自生物體殘骸或岩石。有些岩石（例如石灰岩，$CaCO_3$）僅含有一種礦物質；也有些岩石（例如花崗岩）含有多種礦物質。

纏繞植物（twiner）：這種植物的頂端生長頂點會環繞著垂直的支撐物。

鱗莖（bulb）：洋蔥、韭蔥和大蒜這些蔬菜的鱗莖，我們都十分熟悉。鱗莖是生長於地下的芽，周圍以周心圓包覆著鱗葉。

鱗葉（scale leaf）：特化的葉，在芽周圍呈同心圓排列。

鹼性土（alkaline soil）：鹼性土中的氫離子$[H^+]$濃度小於千萬分之一。換句話說，土壤pH值（$\log 101/[H^+]$）大於7。

延伸閱讀

一般內容

Capon, B. *Botany for Gardeners*. Portland, OR: Timber Press, 2010.

Mabey, R. *The Cabaret of Plants: Botany and the Imagination*. New York: W. W. Norton, 2016.

Martin, D. L., and K. Costello Soltys, eds. *Soil: Rodale Organic Gardening Basics*. Emmaus, PA: Rodale, 2000.

Chalker-Scott, L. *How Plants Work: The Science behind the Amazing Things Plants Do*. Portland, OR: Timber Press, 2015.

Ohlson, K. *The Soil Will Save Us*. Emmaus, PA: Rodale, 2014.

Riotte, L. *Carrots Love Tomatoes: Secrets of Companion Planting for Successful Gardening*. North Adams, MA: Storey Publishing, 1998.

Raven, P. H., R. F. Evert, and S. E. Eichhorn. *Biology of Plants*, 8th ed. W. H. Freeman, 2012.

園丁夥伴

Lawson, N. *The Humane Gardener: Nurturing a Backyard Habitat for Wildlife*. New York: Princeton Architectural Press, 2017.

Lowenfels, J. *Teaming with Nutrients: The Organic Gardener's Guide to Optimizing Plant Nutrition*. Portland, OR: Timber Press, 2013.

—— . *Teaming with Fungi: The Organic Gardener's Guide to Mycorrhizae*. Portland, OR: Timber Press, 2017.

Lowenfels, J., and W. Lewis. *Teaming with Microbes: An Organic Gardener's Guide to the Soil Food Web*. Portland, OR: Timber Press, 2006.

Nardi, J. B. *Life in the Soil: A Guide for Naturalists and Gardeners*. Chicago:

University of Chicago Press, 2007.

色素

Lee, D. *Nature's Palette: The Science of Plant Color*. Chicago: University of Chicago
Press, 2007.

植物運動

Darwin, C. R. *The Movements and Habits of Climbing Plants*. London: John Murray,
1875.

——. *The Power of Movement in Plants*. With Francis Darwin. London: John
Murray, 1880.

種子

Silvertown, J. *An Orchard Invisible: A Natural History of Seeds*. Chicago: University
of Chicago Press, 2009.

Thoreau, H. D. *Faith in a Seed*. Washington, DC: Island Press, 1993.

技術方面

Briggs, W. R. "How Do Sun flowers Follow the Sun—and to What End? Solar
Tracking May Provide Sun flowers with an Unexpected Evolutionary Benefit."
Science 353 (August 5, 2016): 541–42.

Cheng, F., and Z. Cheng. "Research Progress on the Use of Plant Allelopathy in
Agriculture and the Physiological and Ecological Mechanisms of Allelopathy."
Frontiers in Plant Science 6 (2015): 1020.

Conn, C. E., et al. "Convergent Evolution of Strigolactone Perception Enabled Host
Detection in Parasitic Plants." *Science* 349 (July 31, 2015): 540–43.

De Vrieze, J. "The Littlest Farmhands." *Science* 349 (August 14, 2015): 680–83.

Haney, C. H., and F. M. Ausubel. "Plant Microbiome Blueprints: A Plant Defense

Hormone Shapes the Root Microbiome." *Science* 349 (August 20, 2015): 788–89.

Pallardy, S. G. *Physiology of Woody Plants*. Burlington, MA: Academic Press. 2008.

Puttonen, E., C. Briese, G. Mandlburger, M. Wieser, M. Pfennigbauer, A. Zlinszky, and N. Pfeifer. "Quantification of Overnight Movement of Birch (*Betula pendula*) Branches and Foliage with Short Interval Terrestrial Laser Scanning." *Frontiers in Plant Science* 7 (February 29, 2016): 222.

雜草

Blair, K. *The Wild Wisdom of Weeds: 13 Essential Plants for Human Survival*. White River Junction, VT: Chelsea Green, 2014.

Cocannouer, J. A. *Weeds: Guardians of the Soil*. New York: Devin-Adair, 1950.

Heiser, C. B. *Weeds in My Garden: Observations on Some Misunderstood Plants*. Portland, OR: Timber Press, 2003. Mabey, R. *Weeds: In Defense of Nature's Most Unloved Plants*. New York:

HarperCollins, 2011. Martin, A. C. *Weeds*. New York: St. Martin's Press, 2001.

索引

花園裡的小宇宙 —— 生物學家帶我們觀察與實驗，探索植物的祕密生活

作　　者——詹姆士‧納爾迪　　發 行 人——蘇拾平
　　　　　　（James Nardi）　　總 編 輯——蘇拾平
譯　　者——周沛郁　　　　　　編 輯 部——王曉瑩、曾志傑
特約編輯——洪禎璐　　　　　　行銷企劃——黃羿潔
　　　　　　　　　　　　　　　業 務 部——王綬晨、邱紹溢、劉文雅

出　　版——本事出版
發　　行——大雁出版基地
　　　　　　地址：新北市新店區北新路三段207-3號5樓
　　　　　　電話：(02) 8913-1005
　　　　　　傳眞：(02) 8913-1056
　　　　　　E-mail：andbooks@andbooks.com.tw
劃撥帳號——19983379　　戶名：大雁文化事業股份有限公司
封面設計——Poulenc
內頁排版——陳瑜安工作室
印　　刷——上晴彩色印刷製版有限公司
2019 年 12 月初版
2024 年 05 月二版
定價　台幣480元

Discoveries in the garden
Copyright © 2018 by James Nardi
All rights reserved.
Chinese complex translation copyright © Motif Press Publishing, a division of AND
Publishing Ltd., 2019
Published by arrangement with The University of Chicago Press
through Peony Literary Agency

國家圖書館出版品預行編目資料
花園裡的小宇宙 —— 生物學家帶我們觀察與實驗，探索植物的祕密生活
詹姆士‧納爾迪（James Nardi）/ 著　周沛郁 / 譯
——.二版.—— 新北市；本事出版：大雁出版基地發行，2024年05月
面　；　公分.–
譯自：Discoveries in the garden
ISBN 978-626-7074-93-0 (平裝)
1.CST:園藝學
435.1　　　　　　　113002544